高等职业教育“十四五”规划教材
中央财政支持高等职业教育动物医学专业建设项目成果教材

猪 内 科 病

（动物医学类专业用）

王延寿　主编

中国农业大学出版社
·北京·

内容简介

本教材以技术技能人才培养为目标，以动物医学专业猪内科病防治方面的岗位能力需求为导向，坚持适度、够用、实用和学生认知规律的原则，以过程性知识为主、陈述性知识为辅；以实际应用知识和实践操作为主，依据教学内容的同质性和技术技能的相似性，将猪普通内科病、猪营养代谢性疾病和猪中毒性疾病等知识和技能列出，进行归类和教学设计，其内容体系分为项目、任务二级结构，每个项目按"学习目标"、"学习内容"、"案例分析"、"知识拓展"、"考核评价"、"知识链接"的结构编写，并以任务的形式展开叙述，明确学生通过学习应达到的识记、理解和应用等方面的基本要求；有些项目的相关理论知识或实践技能，可通过扫描二维码、技能训练、知识拓展或知识链接等形式学习，为实现课程的教学目标和提高学生学习的效果奠定良好的基础。

本教材为高等职业教育动物医学专业建设项目成果教材，文字精练，图文并茂，通俗易懂，并运用了新媒体——扫描二维码技术，作为教材的补充与深化，既丰富了教材内容，又增加了直观性和可操作性，现代职教特色鲜明，既可作为教师和学生开展"校企合作、工学结合"人才培养模式的特色教材，又可作为猪生产企业技术人员的培训教材，还可作为广大畜牧兽医工作者短期培训、技术服务和继续学习的参考用书。

图书在版编目(CIP)数据

猪内科病 / 王延寿主编. — 北京：中国农业大学出版社，2016.3(2023.1 重印)

ISBN 978-7-5655-1513-2

Ⅰ.①猪…　Ⅱ.①王…　Ⅲ.①猪病-内科学-高等学校-教材　Ⅳ.①S858.28

中国版本图书馆 CIP 数据核字(2016)第 027669 号

书　　名　猪内科病

作　　者　王延寿　主编

策划编辑　康昊婷　　**责任编辑**　冯雪梅

封面设计　郑　川　　**责任校对**　王晓凤

出版发行　中国农业大学出版社

社　　址　北京市海淀区圆明园西路 2 号　　**邮政编码**　100193

电　　话　发行部 010-62818525，8625　　读者服务部 010-62732336

编辑部 010-62732617，2618　　出　版　部 010-62733440

网　　址　http://www.cau.edu.cn/caup　　**E-mail** cbsszs @ cau.edu.cn

经　　销　新华书店

印　　刷　北京溢漾印刷有限公司

版　　次　2016 年 3 月第 1 版　　2023 年 1 月第 2 次印刷

规　　格　787×1 092　　16 开本　　5.25 印张　　130 千字

定　　价　19.00 元

编审人员 CONTRIBUTORS

主　编　王延寿（甘肃畜牧工程职业技术学院）

副主编　王治仓（甘肃畜牧工程职业技术学院）
聂福旭（甘肃畜牧工程职业技术学院）

参　编　（以姓氏笔画为序）
马志远（甘肃省动物繁育中心）
张　忠（甘肃畜牧工程职业技术学院）
何　强（甘肃农业职业技术学院）
戴命子（甘肃省静宁县威戎镇兽医站）

审　稿　姜聪文（甘肃畜牧工程职业技术学院）
高啟贤（甘肃畜牧工程职业技术学院）

前言 PREFACE

为了认真贯彻落实国发[2014]19号《国务院关于加快发展现代职业教育的决定》、教职成[2015]6号《教育部关于深化职业教育教学改革全面提高人才培养质量的若干意见》、《高等职业教育创新发展行动计划(2015—2018)》等文件精神，切实做到专业设置与产业需求对接、课程内容与职业标准对接、教学过程与生产过程对接、毕业证书与职业资格证书对接、职业教育与终身学习对接，自2012年以来，甘肃畜牧工程职业技术学院动物医学专业在中央财政支持的基础上，积极开展提升专业服务产业发展能力项目研究。项目组在大量理论研究和实践探索的基础上，制定了动物医学专业人才培养方案和课程标准，开发了动物医学专业群职业岗位培训教材和相关教学资源库。其中，高等职业学校提升专业服务产业发展能力项目——动物医学省级特色专业建设于2014年3月由甘肃畜牧工程职业技术学院学术委员会鉴定验收，此项目旨在创新人才培养模式与体制机制，推进专业与课程建设，加强师资队伍建设和实验实训条件建设，推进招生就业和继续教育工作，提升科技创新与社会服务水平，加强教材建设，全面提高人才培养质量，完善高职院校“产教融合、校企合作、工学结合、知行合一”的人才培养机制。为了充分发挥该项目成果的示范带动作用，甘肃畜牧工程职业技术学院委托中国农业大学出版社，依据教育部《高等职业学校专业教学标准(试行)》，以项目研究成果为基础，组织学校专业教师和企业技术专家，并联系相关兄弟院校教师参与，编写了动物医学专业建设项目成果系列教材，期望为技术技能人才培养提供支撑。

本套教材专业基础课以技术技能人才培养为目标，以动物医学专业群的岗位能力需求为导向，坚持适度、够用、实用及学生认知规律和同质化原则，以模块→项目→任务为主线，设“学习目标”、“学习内容”、“学习要求”三个教学组织单元，并以任务的形式展开叙述，明确学生通过学习应达到的识记、理解和应用等方面的基本要求。其中，识记是指学习后应当记住的内容，包括概念、原则、方法等，这是最低层次的要求；理解是指在识记的基础上，全面把握基本概念、基本原则、基本方法，并能以自己的语言阐述，能够说明与相关问题的区别及联系，这是较高层次的要求；应用是指能够运用所学的知识分析、解决涉及动物生产中的一般问题，包括简单应用和综合应用。有些项目的相关理论知识或实践技能，可通过扫描二维码、技能训练、知识拓展或知识链接等形式学习，为实现课程的教学目标和提高学生的学习效果奠定基础。

本套教材专业课以“职业岗位所遵循的行业标准和技术规范”为原则，以生产过程和岗位任务为主线，设计学习目标、学习内容、案例分析、考核评价和知识拓展等教学组织单元，尽可能开展“教、学、做”一体化教学，以体现“教学内容职业化、能力训练岗位化、教学环境企业化”特色。

本套教材建设由甘肃畜牧工程职业技术学院王治仓教授和康程周副教授主持，其中杨孝列、郭全奎担任《畜牧基础》主编；尚学俭、敬淑燕担任《动物解剖生理》主编；黄爱芳、祝艳华担任《动物病理》主编；冯志华担任《动物药理与毒理》主编；杨红梅担任《动物微生物》主编；康程周、王治仓担任《动物诊疗技术》主编；李宗财、宋世斌担任《牛内科病》主编；王延寿担任《猪内科病》主编；张忠、李勇生担任《禽内科病》主编；高啟贤、王立斌担任《动物外产科病》主编；贾志江担任《动物传染病》主编；刘娣琴担任《动物传染病实训图解》主编；张进隆、任作宝担任《动物寄生虫病》主编；祝艳华担任《动物防疫与检疫》主编；王选慧担任《兽医卫生检验》主编；刘根新、李海前担任《中兽医学》主编；李海前、刘根新担任《兽医中药学》主编；王学明、车清明担任《畜禽饲料添加剂及使用技术》主编；李和国担任《畜禽生产》主编；田启会、王立斌担任《犬猫疾病诊断与防治》主编；李宝明、车清明担任《畜牧兽医法规与行政执法》主编。本套教材内容渗透了动物医学专业方面的行业标准和技术规范，文字精练，图文并茂，通俗易懂，并以微信二维码的形式，提供了丰富的教学信息资源，编写形式新颖、职教特色明显，既可作为教师和学生开展“校企合作、工学结合”人才培养模式的特色教材，又可作为企业技术人员的培训教材，还可作为广大畜牧兽医工作者短期培训、技术服务和继续学习的参考用书。

《猪内科病》由王延寿任主编，编写分工为：项目一由王延寿编写，项目二由王治仓、聂福旭编写，项目三由马志远、张忠、戴命子、何强编写。全书由王延寿修改定稿。

承蒙甘肃畜牧工程职业技术学院姜聪文和高啟贤教授对本教材进行了认真审定，并提出了宝贵的意见；本书编写过程中得到编写人员所在学校的大力支持，在此一并表示感谢。作者参考著作的有关资料，不再一一述及，谨对所有作者表示衷心的感谢！

由于编者初次尝试“专业建设项目成果”系列教材开发，时间仓促，水平有限，书中错误和不妥之处在所难免，敬请同行、专家批评指正。

编写组

2015 年 12 月

目录 CONTENTS

绪 论

一、课程简介

猪内科病是从事猪内科疾病诊治工作人员需要学习和掌握的基本知识和基本理论，是推动猪病防制不断发展的重要理论基础和技术指南，是动物医学专业重要的专业课，它包括猪普通内科病、猪营养代谢性疾病、猪中毒性疾病三大部分。

《猪内科病》主要阐明猪普通内科病、猪营养代谢性疾病、猪中毒性疾病的引起原因、发生发展规律以及诊断、治疗和预防猪内科疾病的方法，为猪内科疾病防制提供理论根据和防制指南。动物疾病防制在现代动物生产中起着重要的作用，是决定动物是否健康生长的关键因素。提高动物生产性能，除加强饲养管理外，在很大程度上取决于预防疾病。动物疾病预防控制工作不仅是经营养殖业成败的关键，而且与人类生活、健康关系密不可分。

学习《猪内科病》的最终目的是要了解猪内科疾病的引起原因、发生发展规律，以达到猪疾病预防控制、降低疾病的发生和充分提高猪生产性能的目的。

二、课程性质

猪内科病是动物医学及其相关专业的专业课，具有较强的理论性和实践性。一方面，它介绍了猪内科病的引起原因、发生发展规律，基于动物医学专业的职业活动、应职岗位需求，培养学生对猪内科疾病预防控制的专业能力，同时注重学生职业素质的培养。另一方面，作为专业课，它所阐述的基本理论与方法具有更多的疾病防制的指导意义，能为其他专业课程的学习和毕业后从事畜牧兽医工作奠定扎实的理论基础。

三、课程内容

本课程内容编写是以技术技能人才培养为目标，以动物医学专业动物疾病防制方面的岗位能力需求为导向，坚持适度、够用、实用及学生认知规律和同质化原则，以过程性知识为主、陈述性知识为辅。

本课程内容排序尽量按照学习过程中学生认知心理顺序，与专业所对应的典型职业工作顺序，或对实际的动物疾病防制来分类序化知识，将陈述性知识与过程性知识整合、理论知识与实践知识整合，意味着适度、够用、实用的陈述性知识总量没有变化，而是这类知识在课程中的排序方式发生了变化，课程内容不再是静态的学科体系的显性理论知识的复制与再现，而是着眼于动态的行动体系的隐性知识生成与构建，更符合职业教育课程开发的全新理念。

本课程内容以实际应用知识和实践操作为主，删去了实践中应用性不强的理论知识，将疾病防制的相关知识和关键技能列出，依据教学内容的同质性和技术技能的相似性，进行归类和教学设计，划分为三大项目、三十个任务即：

项目一　猪普通内科病

　任务 1　胃溃疡

　任务 2　胃肠卡他

任务 3　胃肠炎
任务 4　肠便秘
任务 5　猪感冒
任务 6　小叶性肺炎
任务 7　大叶性肺炎
任务 8　中暑
任务 9　猪应激综合征
任务 10　僵猪
项目二　猪营养代谢性疾病
任务 11　仔猪营养性贫血
任务 12　仔猪低血糖症
任务 13　猪黄脂病
任务 14　猪骨营养不良病
任务 15　猪维生素 A 缺乏症
任务 16　猪 B 族维生素缺乏症
任务 17　猪硒和/或维生素 E 缺乏症
任务 18　猪铜缺乏症
任务 19　猪锰缺乏症
任务 20　猪碘缺乏症
任务 21　猪锌缺乏症
项目三　猪中毒性疾病
任务 22　亚硝酸盐中毒
任务 23　猪食盐中毒
任务 24　霉菌毒素中毒
任务 25　菜籽饼中毒
任务 26　灭鼠药中毒
任务 27　有机磷农药中毒
任务 28　猪铜中毒
任务 29　猪硒中毒
任务 30　猪砷中毒

每一项目又设“学习目标”、“学习内容”、“案例分析”、“知识拓展”、“考核评价”等教学组织单元，并以任务的形式展开叙述，明确学生通过学习应达到的识记、理解和应用等方面的基本要求；有些项目的相关理论知识或实践技能，可通过扫描、技能训练、知识拓展或知识链接等形式学习。

四、课程目标

掌握猪内科疾病防制的基本知识，能够解决猪生产中的实际问题。使读者达到以下目标：

(1)了解猪内科病的一般发病规律,熟悉常用诊疗方法及药物。

(2)学习猪内科疾病的概念、发生病因,掌握其症状、诊断及治疗。

(3)根据猪生产实际,为各类猪内科疾病防制提出预防措施。

(4)运用相应的猪内科疾病防制技术技能,充分发挥养殖者的智慧,提供高品质的动物产品。

(5)建立猪内科病发生档案,为提高养殖场经济效益、预防疾病传播提供一定的技术支撑。

Project 1

猪普通内科病

学习目标

掌握猪消化系统、呼吸系统、泌尿系统、神经系统、内分泌系统等常见内科病的病因、症状、诊断、治疗和预防措施，从而为从事猪病的诊疗工作打下基础。

【学习内容】

任务1　胃溃疡

胃溃疡是指急性消化不良与胃出血引起胃黏膜局部组织糜烂、坏死或自体消化，从而形成圆形溃疡面，甚至胃穿孔。

胃溃疡特指胃的食管区溃疡。近年来，在屠宰场的待宰猪中常见；在规模化养猪场中，饲养管理不善是造成该病发生的主要原因。胃溃疡可发生于各种年龄的猪，可见呕吐、排黑粪，皮肤、黏膜苍白等症状。

猪胃溃疡发病初期胃呈轻微出血，仅表现为消化不良，人们往往不易察觉。当发生胃穿孔后，并伴发急性弥漫性腹膜炎时，可迅速死亡。常呈散发，在一群猪内引起个别猪死亡。该病可发生于任何年龄，但多见于50 kg以上生长迅速的猪及饲养在单体限位栏内的母猪。该病一年四季均可发生，但以炎热的夏秋季节较多见。

【病因】

1.饲料因素

(1)饲料品质不佳(如饲料粗糙或霉败)，难于消化，缺乏营养等。

(2)日粮中混入大量刺激性的矿物质合剂或未混合均匀。

(3)日粮中缺乏足够的纤维。

(4)谷物日粮中含玉米的比例过高，饲料中不饱和脂肪酸过多，则其发病率也较高；不管玉米经细磨、膨胀或胶化过的，其发病率仍然有较高的倾向。

(5)饲料中缺乏维生素E、维生素B_1、硒等。

2.应激因素

多发生于圈养猪，尤其是采食大量谷类饲料和生长快的猪。

(1)噪声、恐惧、闷热、疼痛、妊娠、分娩、过多干扰(如经常转群、称重)、受到过分拥挤、临产前管理不当等应激因素引起神经体液调节机能紊乱。

(2)猪舍狭窄、活动范围长期受限制。

(3)猪舍通风不良、环境卫生不佳。

(4)饲喂不定时，时饱时饥，以及突然变换饲料。

3.遗传因素

有很大的遗传性，与选育了生长快及背脂少的猪有关。

4.继发因素

(1)猪瘟、慢性猪丹毒、猪蛔虫感染、铜中毒性肝营养不良、桑葚样心脏病、霉菌感染(特别是白色念珠菌感染)等，致使胃黏膜充血、出血、糜烂、溃疡，从而发生继发性胃溃疡。

(2)常见于维生素E缺乏、肝营养不良的猪。

(3)体质衰弱，胃酸过多。

【发病机理】

由于不良消化因素的影响，胃壁组织受到刺激，引起黏膜充血、缺损和糜烂，逐渐发生组织学变化；已被损伤发炎、糜烂的胃黏膜组织，释放出组胺，使胃壁毛细血管扩张，促进胃泌素的形成和乙酰胆碱的大量产生，从而刺激胃液的大量分泌，酸度相对升高；与此相反，保护性黏液却极度减少或缺乏，胃蛋白酶在酸性胃液中即起到消化组织的作用，从而导致局部性溃疡的形成和产生。

【症状】

1. 急性

不见临诊症状猪只随即死亡。多死于胃黏膜出血，剖检常见胃中有新鲜血液。也有的病猪在强烈运动、相互撕咬以及分娩前后，发生突然吐血、排煤焦油样血便、体温下降、呼吸急促、腹痛不安、体表和黏膜苍白、体质虚弱等症状，终因虚脱而死亡。当病猪因胃穿孔而引起腹膜炎时，一般在症状出现后 1～2 d 内死亡。

2. 隐性

隐性者与健康猪无异，无明显症状，生长速度和饲料转化率几乎不受影响，只是在屠宰后才被发现。

3. 亚急性

病猪有明显的苍白、贫血症状，衰弱、厌食及呼吸加快，粪便由黑色黏稠糊状而变为少量覆盖有黏液的小球状，病初腹痛、磨牙、不安，有时出现呕吐，便血、便干是常见的特征症状。卧地不起，多在 12～48 h 虚弱死亡。

4. 慢性

食欲降低或不食，病猪体表为可视黏膜明显苍白，时有吐血或呕吐时带血，弓背或伏卧，因虚弱而喜躺卧，呈渐进性消瘦。开始表现为便秘，后变为煤焦油样粪便，潜血检查呈阳性。病情有时恶化，有时缓解，可引起消化障碍和腹痛。少数病例有慢性腹膜炎症状。病程一般为 7～30 d。

【病理变化】

溃疡主要在胃的食道区，也见于胃底部和幽门区不同程度的充血、出血，以及大小和数量不等、形态往往不一的糜烂斑点和界限分明、边缘整齐的圆形溃疡。胃内有血块及未凝固的新鲜血液，有纤维素性渗出物，肠道内也常发现新鲜血液。在无临床症状的病猪，早期病变有黏膜角质化过度以及上皮脱落，而无真正的溃疡形成。病猪的胃常比正常的胃有更多的液体内容物，也有胆汁自十二指肠逆流至胃使胃黏膜黄染。慢性胃溃疡引起出血的病猪，因髓外造血而使脾肿大，胃黏膜过度角质化和上皮剥脱，有的无真正的溃疡，但胃内有多量的液状内容物。有的病胃染有胆汁，有的胃溃疡自愈猪，可留下瘢痕。若是胃已穿孔，则可见弥漫性或局限性的腹膜炎。也常见隔膜炎症，腹腔内容物进入胸腔呈现隔膜病变。

【诊断】

根据临床症状、剖检变化及特殊仪器检查（如内窥镜）做出诊断。该病生前诊断较困难，特别是早期确诊更难。具有诊断意义的症状是：粪便变黑，皮肤和黏膜明显苍白。唯一的证据是取可疑的粪便做潜血检查。病理剖检可见胃内广泛性出血。应与出血性肠炎综合征、急性猪痢疾加以区别。

【治疗和预防】

治疗原则：镇静止痛、抗酸止酵、消炎止血，同时改善饲养、加强护理。

1. 治疗方法

改善饲养，给予富有营养易消化的饲料，减少应激反应。症状较轻的病猪，应保持安静，减轻应激反应。可注射镇静药，如盐酸氯丙嗪，每次每千克体重 1～3 mg。中和胃酸，防止胃黏膜受侵害，可用氢氧化铝硅酸镁或氧化镁等抗酸剂，使胃内容物的酸度下降。保护溃疡面，防止出血，促进愈合，可于饲喂前投服次硝酸铋 5～10 g，每天 3 次。也可口服鞣酸蛋白，每次 2～5 g，每天 2～3 次，连用 5～7 d。此外，为维持食糜的正常排空，可用聚丙烯酸钠每日 5～20 g 溶于水中饮服；或以 0.5%～5%的比例混于饲料中饲服，连用 5～7 d。如果病猪极度贫血，证实为胃穿孔或弥漫性腹膜炎，则失去治疗价值，宜及早淘汰。

对于出血严重的猪，应使用止血剂如维生素 K_3。

2. 预防

(1)加强饲养管理，提供全价饲料，避免饲料粉碎得太细，饲料颗粒度宜在 500 μm 以上。

(2)减少日粮中玉米数量和饲喂粉料，而不是颗粒饲料。

(3)饲料中加入草粉或燕麦壳等，使日粮中粗纤维量达到 7%。

(4)保证饲料中维生素 E、维生素 B_1、硒的含量。

(5)用铜作促生长剂时，饲料中同时添加碳酸锌作抗铜致溃疡添加剂。

(6)聚丙烯酸钠混饲，浓度为 0.1%～0.2%，以改变饲料的物理状态，使之能在胃内停留时间正常。

(7)避免心理应激状态，减少频繁的转群、运输、驱赶，防止猪只相互撕咬。

(8)保持猪舍冬暖夏凉，加强通风，饲养密度要适宜，猪舍要留有足够的空间以便于猪的自由活动。谷物饲料勿储存太久，免受真菌污染，因霉菌可使不饱和脂肪酸含量增加。

任务 2 胃肠卡他

胃肠卡他是胃肠黏膜表层性炎症。按症状可分胃卡他和肠卡他，按病程可分为急性和慢性两种。特征为消化不良。

【病因】

1. 饲养管理不当

气温骤降未采取保暖措施或饲喂不易消化、发霉变质、过热饲料；突然变换饲料、喂料过多或者过度饥饿后贪食；饲喂不定时定量，饮水不足；受寒或猪舍潮湿；饮水不洁，久渴失饮。

2. 刺激性药物

喂给粗糠或含有稻壳的酒糟，刺激胃肠黏膜引起表层炎症。或者误食有毒植物及不适当的应用水合氯醛、强酸、强碱和砷剂。

3. 继发或并发于其他疾病

如猪瘟、猪传染性胃肠炎、黑斑病甘薯中毒及其他寄生虫病或营养代谢病等。

【症状】

1. 急性胃卡他

病猪精神不振，常喜卧于暗处，怕骚扰；食欲减退或废绝，舌面被覆舌苔，口臭，有异嗜现象，喜欢啃咬烂草污泥；常有呕吐动作，呕吐物初期为食物，后为泡沫样的黏液；粪便表面被覆少量黏液，血液浸润大部分粪便，粪便常含有未消化的饲料；体温有时轻微升高，尿少色黄。

2. 急性肠卡他

病猪精神不振，四肢及耳尖发凉，体温稍高；下痢、肠音亢进、腹部紧缩。重病猪排粪次数增多，粪为水样或黏液样。肛门尾根全被粪水沾污，可出现脱水与虚脱。有的里急后重，排黏液絮状便并带有血液。严重时食欲废绝，体质衰弱，甚至直肠脱出。

【病理变化】

主要病变集中在胃及肠部，常有胃肠黏膜呈极度充血水肿状，有樱红色或暗红色点状、斑状出血。肠系膜淋巴结肿胀、多汁。多数伴有肝变性、脾肿胀等。肠管内有多量纤维素性伪膜，严重时有溃疡面。粪便黏稠恶臭。

【诊断】

主要观察病猪的表现及可判断，以胃机能紊乱为主，体温一般无变化，精神委顿，食欲减退，或废绝，常有呕吐或逆呕。排水样粪，股后有粪污，里急后重，严重时直肠脱出。

若以胃卡他为主，体温无变化，精神委顿，食欲减退，采食咀嚼缓慢，常有呕吐或逆呕，烦渴贪饮，饮后又吐，粪干，眼结膜黄染，口臭。

若以肠卡他为主，肠音增强，排水样粪，股后有粪污，里急后重，严重时直肠脱出。胃肠炎与之相似处：眼结膜充血黄染，呕吐、排水样粪、精神不振等。不同处：体温高（40℃以上），腹部有压痛反应，排粪频繁，甚至失禁，虚弱，瘫痪，易发生自体中毒。

【治疗】

治疗原则：除去病因，调整胃肠功能，制止发酵和腐败。

治疗方法：

1. 对症下药

首先找出病因，采取措施除去致病因素，治疗原发病。缓泻可用液体石蜡 50～100 mL 内服；粪便干、量少时，可用硫酸钠或硫酸镁 20～50 g（每千克体重 1 g）和水制成 6%的溶液灌服；如腹泻，可应用磺胺类药物或抗生素，如磺胺脒合剂（磺胺脒 1 份、酵母粉 1 份、鞣酸蛋白 2 份）12～15 g，每日 3 次，内服；腹泻严重者应及时静脉注射 5%糖盐水 250～500 mL。如以胃卡他为主，用五倍子、大黄、龙胆各 5～10 g，水煎内服，1 次/d，连服 3～5 d。如食欲不振，可加酵母片 10～30 片；如不食精料，加食醋 10～30 mL。以肠卡他为主，拉稀时，可用磺胺脒，5～10 mg/kg 体重，矽炭银 2～8 g/次，内服，2 次/d，连用 5～7 d。

2. 中药治疗

枳壳 30 g，砂仁 10 g，神曲 30 g，大黄 30 g，白术 10 g，水煎灌服，一两次可痊愈。粪便有血液浸润的可以加仙鹤草 10 g（可用于 50 kg 体重的猪）。

【预防】

注意季节的转换和气候的变化，特别是注意防寒保暖。喂猪的饲料不能过热过冷，应定时定量，避免过饱过饥。合理调配饲料，同时饲料饮水要洁净，避免饲喂具有刺激胃黏膜的干硬饲料以及霉变的饲料。发现病猪应及时治疗。

任务 3　胃肠炎

猪胃肠炎是胃肠黏膜及其深层的炎症。由于胃和肠的解剖结构和生理功能紧密相关，胃和肠的疾病容易相互影响，因此，胃炎和肠炎多同时发生。

【病因】

由于饲料品种的突然改变，饲喂腐败、变质、霉烂的饲料或饮用不洁饮水，胃肠受有毒物质或冰冻饲料的刺激，冬季受寒、感冒，长途运输等均易引起本病。继发因素可见于猪瘟、猪丹毒、猪副伤寒、猪出血性败血症及蛔虫病等。

【症状】

病初，患猪精神不振，食欲减退或废绝，渴欲增加或废绝，眼结膜先潮红后黄染，舌苔厚腻，口干臭，四肢鼻端等末梢发凉，病初呕吐，呕吐物带有血液和胆汁，腹部触诊敏感，腹泻，稀粪中混有血液、黏液和黏膜组织，有时混有脓液和恶臭味。随着病程的发展，以后逐渐或迅速地出现胃肠炎的典型临床表现，包括重度的胃肠机能障碍和全身症状，患猪有明显的脱水和自体中毒体征。急性胃肠炎病程短急，2～3 d后，多数愈后不良。营养良好的患猪经及时治疗，认真护理，多数可以康复。

【治疗】

1. 清理胃肠

病初尚未脱水时，应清理胃肠，排除肠内容物，以减缓对肠管的刺激。如下泻已很严重时则禁用。

2. 抑菌消炎

可口服硫酸新霉素，仔猪为0.5～1 g，每天2～3次，也可肌肉注射卡那霉素0.5～1 g或庆大霉素10万～30万IU，每天两次。

3. 补液

脱水和自体中毒，常为本病死亡的主要原因，及时合理的输液和解毒疗法是治愈本病的主要措施之一，补液种类的选择可根据脱水的性质而定：肠炎下泻脱水属混合性脱水（即等渗性脱水），应选用复方氯化钠溶液为好，输入量应根据脱水程度及临床效果来决定：如补液到一定量时，病猪精神由沉郁到好转，心律由快而弱到变慢而整齐，可视黏膜的色彩好转，并开始排尿等，此时可考虑暂停或减量补液。

4. 解毒

可用25%葡萄糖200～300 mL，5%碳酸氢钠100～200 mL，40%乌洛托品30～40 mL，混合一次静脉注射，每天1～2次。

5. 强心

可用10%安钠咖2～5 mL，或10%樟脑磺酸钠2～5 mL静脉注射。

任务4 肠便秘

猪肠便秘是因肠管运动、分泌机能紊乱，内容物停滞，致使某段或某几段肠管发生完全或不完全阻塞的一种腹痛性疾病，又称肠秘结、肠阻塞。临床上以食欲减退或废绝，口腔稍干或干燥，肠音减弱或消失，排粪减少或停止，并伴有不同程度的腹痛为特征。

【病因】

1. 原发性肠便秘

通常由于饲喂谷糠、稻糠、坚韧稻秆和藤秸等劣质饲料所致。在规模化养猪场，刚断奶的猪或其他猪，突然改喂纯米糠而同时缺乏青绿饲料时也可发生。另外，饮水不足，缺乏适当运动，妊娠后期或分娩不久的母猪伴有直肠麻痹时，有时也发生。

2. 继发性肠便秘

主要见于某些传染病和寄生虫病，如猪瘟的早期阶段，肠道蠕虫病等，均可引起肠便秘。去势引起的肠粘连，小公猪去势后引起的嵌闭性阴囊疝，也可导致肠便秘。

【症状】

病猪食欲减退或废绝，饮欲增加或废绝，腹围逐渐增大，喜躺卧，有时表现呻吟，呼吸增数，回顾腹部等腹痛症状。病初只排出少量干硬、颗粒状的粪球，并在上面覆盖或镶嵌着稠厚的灰白色黏液；当直肠黏膜破损时，黏液中混有红色的血液，随后经常作排粪姿势，不断用力努责，但每次仅排出少量黏液，时间稍长，则直肠黏膜水肿，易发生直肠脱出。

【诊断】

触诊腹部敏感，可摸到大肠内有串珠状坚硬粪球，压迫膀胱发现有尿闭症。

【治疗】

病初可灌服泻剂，再配合腹壁按摩和灌肠，有一定治疗效果。若已发展为广泛性的肠便秘，上述治疗很难奏效。泻下时可用硫酸钠或硫酸镁 50～100 g，加水 300～1 000 mL，石蜡油 100～150 mL，用胃管一次投服。

【预防】

1. 对原发性肠便秘

应加强饲养管理，注意科学地搭配饲料，粗料细喂，喂给青绿多汁饲料，适量增喂食盐，保证充足饮水，加强运动，注意卫生。

2. 对继发性肠便秘

应积极治愈原发病，严格遵守兽医卫生防疫制度，密切查视猪群，定期驱虫，防止某些传染病和寄生虫病的发生。

任务 5　猪感冒

猪感冒是以猪上呼吸道炎性变化为主的急性全身性疾病。本病无传染性，多发生于气候多变的早春和晚秋。此病以体温突然升高、咳嗽、羞明流泪和流鼻液为主要特征。

【病因】

饲养管理不当，寒冷突袭，风吹雨淋，贼风侵袭；猪舍防寒措施不良、阴暗潮湿、过于拥挤；营养不良及长途运输等使猪体质下降，抵抗力减弱；气候突变，气温骤降，忽冷忽热，使机体对环境的适应性降低，都可诱发本病。

【症状】

病初咳嗽、打喷嚏、流鼻液，逐渐咳嗽加剧，流浓稠鼻涕。病猪呼吸用力，常摇头摩鼻，骚扰不安，食欲减退，体温升高，眼结膜潮红，病程一般 3～7 d。

【预防】

主要是加强饲养管理和增强机体的抵抗力。避免猪舍潮湿、阴冷和贼风侵袭，在春秋天气多变季节，注意加强猪舍防寒保暖，防止猪群突然受寒，特别是在大出汗后，要防止风吹雨淋。

【治疗】

1. 解热镇痛

复方奎宁注射液 5～10 mL，或百尔定注射液，或 30%安乃近注射液，或阿尼利定注射液

5～10 mL，肌肉注射，1～2 次/d。

2. 防止继发感染

可用氨苄青霉素 80 万 IU，肌肉注射，2 次/d，连用 2～3 d。也可选用磺胺类药物，如新诺明注射液，0.07 g/kg 体重，肌肉注射。

任务 6 小叶性肺炎

小叶性肺炎是个别肺小叶或几个肺小叶及其相连接的细支气管的炎症，又称为支气管肺炎。一般多由支气管炎蔓延引发，临床上以弛张热，呼吸困难，叩诊有局灶性浊音区和听诊有捻发音为特征。本病在秋、冬两季发病较多。

【病因】

1. 原发性病因

受寒感冒，理化因素刺激，在某种程度上都能降低整个机体的免疫功能，特别是肺组织的局部免疫功能，为各种非特异性的内源性和外源性病原微生物发挥致病作用创造了条件，以致发病；另外饲养不良，维生素 A 缺乏也可诱发。

2. 继发性病因

本病常继发或并发于许多传染病和寄生虫病，如仔猪的流行性感冒、猪肺疫、仔猪副伤寒、猪肺虫病（猪后圆线虫病）、仔猪蛔虫病、霉菌病等。另外，支气管炎若治疗不及时，常继发支气管肺炎。

【症状】

病初，患猪有阵发性短而干的咳嗽，咳嗽时有疼痛感，随着病程发展，逐渐变为湿咳，并伴有呼吸困难症状。听诊，肺部有啰音，如分泌物厚而黏时，可听到捻发音。触诊，胸壁疼痛。患病仔猪，精神、食欲不振，喜卧，失去活力。体温升高，如无并发症，通常 7～10 d 可恢复。若病情加重，病猪消瘦、咳嗽、气喘，常因极度衰弱而死亡。

【预防】

加强耐寒锻炼，防止感冒，保护仔猪免受寒冷、风、雨和潮湿等的袭击。平时应加强饲养管理，饲喂营养丰富、易于消化的饲料，圈舍要通风透光，保持空气清洁新鲜，以增强仔猪的抵抗力。此外，应加强对能继发本病的一些传染病和寄生虫病的预防和控制。

【治疗】

1. 抗菌消炎

临床上主要用抗生素和磺胺类制剂。治疗前最好采集鼻液作药敏试验，以便对症用药。20%磺胺嘧啶钠，10～20 mL，肌肉注射，2 次/d，或肌注青霉素 80 万～160 万 IU 和链霉素 100 万 IU，2 次/d，连用数天。另外，四环素、庆大霉素、卡那霉素、先锋霉素和喹诺酮类药物也可选用。

2. 祛痰止咳

当病猪频发咳嗽而鼻液黏稠时，可内服溶解性祛痰剂，常用氯化铵 1～2 g，碳酸氢钠 1～2 g，两药混合后，一次灌服，3 次/d，连用 2～3 d；频发痛咳分泌物不多时，可用镇痛止咳剂，常用的有复方樟脑酊 5～10 mL 内服，2～3 次/d，或磷酸可待因 0.05～0.1 g 内服，1～2 次/d。

3. 制止渗出

10%氯化钙溶液 10～20 mL 或 10%葡萄糖酸钙 10～20 mL，静脉注射，1 次/d，具有较好的效果。溴苄环乙胺能使痰液黏度下降，易于咳出，从而减轻咳嗽，缓解症状。与四环素类抗生素合并应用可提高疗效。

4. 对症治疗

体质衰弱时，可用 25%葡萄糖注射液 200～300 mL，静脉注射；心脏衰弱时，可用 10%安钠咖 2～10 mL，皮下注射。

任务 7　大叶性肺炎

大叶性肺炎是整个肺叶发生的急性炎症，纤维蛋白渗出，因此又称纤维素性肺炎或格鲁布性肺炎。临床上以高热稽留、铁锈色鼻液、肺区大片浊音区和病理的定型经过为特征。

【病因】

1. 传染性病因

巴氏杆菌引起的猪肺疫具有大叶性肺炎典型的特征，近年来已经证明双球菌也可引起猪的大叶性肺炎。此外，存在于猪体内的病原菌和外源性病原菌，如绿脓杆菌、大肠杆菌、坏死杆菌、沙门氏菌、霉形体、三型副流感病毒、链球菌、葡萄球菌以及肺炎球菌等，对本病的发生都有重要意义。

2. 非传染性病因

非传染性大叶性肺炎是一种变态反应性疾病，诱发的因素很多，如受寒感冒、长途运输、吸入刺激性气体、厩舍卫生条件不良、饲养管理不良等，另外继发性大叶性肺炎在临床上也常取非定型经过。

【症状】

全身症状较重，表现体温升高至 40～41℃，食欲减退或废绝，精神沉郁，咳嗽，呼吸困难，心跳加快，鼻流黏液性或黏液脓性分泌物，胸部听诊有捻发音和啰音。

【诊断】

根据本病的定型经过，高热稽留，铁锈色鼻液，每一时期特征的叩诊和听诊音的变化，X 射线检查显现较大面积的阴影，不难确诊。血液学检查、尿液检查有助于诊断，但须注意与胸膜炎、小叶性肺炎鉴别。胸膜炎发热无定型，病的初期可听到胸膜摩擦音，当有渗出液积聚时，叩诊呈水平浊音，触诊或叩诊肺部时，患畜疼痛。

二维码 1-1　大叶性肺炎模式图

见表 1-1。

【预防】

加强饲养管理，减少或杜绝本病的各种诱因，增强猪的抗病能力，经常观察猪群，一旦发现各种传染性原发病要积极治疗，隔离，以防并发大叶性肺炎和相互传染。对其他致病原因，也应采取相应的措施加以预防。

表 1-1 呼吸系统疾病的鉴别诊断

项目	病名					
	感冒	鼻炎	喉炎	支气管炎	支气管肺炎	大叶性肺炎
体温	微热或中等热	一般不发热	微热或中等热	微热	弛张热型	稽留热型
咳嗽	初为干短痛咳，后为湿咳	一般无咳嗽	剧烈咳嗽，初为干、痛、短而强的咳嗽，后为湿而长的咳嗽	频发，初为短干、痛咳，后为湿咳，声音粗大	频咳、初为干短痛咳，后为湿咳	有时出现弱痛咳
鼻液	初期浆液性，后变黏液性或黏液脓性	初期浆液性，后变黏液性或黏液脓性	初期浆液性，后变黏液性或黏液脓性	初期浆液性，后变黏液性或黏液脓性	一般为黏液脓性	多为黏液脓性，初期可见少量铁锈色鼻液
呼吸	呼吸稍快、胸腹式呼吸	小猪呼吸时出现鼻塞音或鼾声。胸腹式呼吸	严重时，呼吸数减少，喉头有喘鸣音。胸腹式呼吸	稍快、胸腹式呼吸	加快、胸腹式呼吸	加快、腹式呼吸
听诊	肺泡呼吸音增强	一般无变化	听诊喉部气管，有大水泡音或喉头狭窄音	干性或湿性啰音	病灶部肺泡音消失，周围代偿性亢进并有干、湿啰音	充血期肺泡音粗粝及啰音，肝变期病灶区肺泡音消失，出现支气管呼吸音，溶解期则又可听到湿性啰音
叩诊	无变化	无变化	无变化	无变化	岛屿状浊音	初期为过清音，肝变期为大片性浊音

【治疗】

1. 消炎

常用抗生素和磺胺类药物。可选用青霉素 40 万～80 万 IU 和链霉素 100 万 IU，或氨苄青霉素 0.5～1 g，注射用水 10 mL，稀释后肌肉注射，2 次/d；20%磺胺嘧啶钠注射液 10～20 mL，肌肉注射，2 次/d；10%增效磺胺嘧啶注射液 10 mL，深部肌肉注射。土霉素、四环素、庆大霉素、卡那霉素等也有良好的治疗效果。

2. 祛痰止咳

分泌物黏稠不易咳出时，氨化铵及碳酸氢钠各 1～2 g，2 次/d，混入饲料内喂给；频繁咳嗽，但分泌物不多时，可应用止咳药，如复方樟脑酊 5～10 mL 内服，每天 2～3 次，或用磷酸可待因 0.1～0.5 g 内服，1～2 次/d。也可选用盐酸吗啡、咳必清等止咳剂。为减少渗出，可用 10%氯化钙溶液 10～20 mL，静脉注射，1 次/d，具有较好的效果。

任务 8 中暑

中暑是日射病与热射病的总称。由各种原因导致的产热增多、散热减少所致的一种以急性体温过高为特征的疾病。炎热季节，猪头部受日光直射，引起中枢神经机能障碍，称日射病。气候潮湿、闷热，代谢旺盛，发生中枢神经紊乱，称热射病。

【病因】

盛夏酷暑，猪圈无防暑设备、肥猪陆路驱赶、车船运输未采取防暑措施，日光直射头部发生日射病。气候炎热，猪舍内过度拥挤，湿度大、风速小或用封闭货车运输，机体吸热增多，散热减少，发生热射病。

【症状】

1. 日射病

突然发病，精神沉郁，四肢无力，步态不稳，共济失调，呼吸加快，全身大汗，张口喘气，流涎呕吐，口吐白沫，兴奋不安，瞪眼凝视，眼球突出。随着病程的发展，皮肤干燥，汗液分泌减少，无汗，瞳孔初散大后缩小，呼吸急促，心跳加快，脉搏急速，每分钟可达百次以上。突然倒地，四肢作游泳状划动，常在几小时内或1～2 d内死亡。

2. 热射病

体温急剧上升，可达42～44℃，皮温升高，全身大汗。食欲废绝，饮欲增加，口吐白沫，呕吐流涎，结膜充血。随着体温升高继而卧地不起，意识丧失，呼吸浅表疾速，节律紊乱且高度困难，脉搏减弱，第一心音减弱，第二心音消失，结膜发绀，血液黏稠，口鼻喷出白色或粉红色泡沫，在痉挛战栗中死亡。

【病理变化】

脑组织和脑膜充血、水肿、广泛性出血，脑脊液增多；肺充血、水肿；心包膜、胸膜和肠黏膜均有瘀血斑和浆液性炎症；肝、肾、心和骨骼肌发生病理性变化。

【预防】

加强饲养管理，严防日晒，保持通风，避免拥挤，饮水充足，清洁卫生，防暑降温，运输宜在晨晚，热天用凉水喷洒猪体和地面，供应瓜菜或清凉饮水。

【治疗】

1. 解暑降温

将患猪移至阴凉通风处，保持安静，用凉水泼洒全身，或用电风扇吹风，可装置冰袋。按摩躯干和四肢，加快散热。或用凉水反复灌肠。药物降温用25%盐酸氯丙嗪，4～5 mL(患猪50 kg以上)肌肉注射。

2. 强心利尿药

复方氯化钠溶液100～500 mL，静脉注射，重症隔4 h重复1次。或用葡萄糖生理盐水300～500 mL或25%葡萄糖液50～200 mL，静脉注射。20%安钠咖5～10 mL，肌肉或皮下注射，同时内服薄荷水10～20 mL、樟脑酊30 mL或内服藿香正气水。或尼可刹米注射液0.25～1 g，肌肉注射。

3. 对症用药

兴奋的用安乃近5～10 mL肌注，或10%水合氯醛100～200 mL灌肠，或巴比妥钠0.1～0.2 g加水内服。有酸中毒症状者用5%碳酸氢钠液50～100 mL，静脉注射，或洛克氏液(氯化钠8.5 g，氯化钙、氯化钾、碳酸氢钠各0.2 g，葡萄糖1 g，蒸馏水100 mL)300～500 mL，静脉注射。病情好转时，用10%氯化钠30～100 mL，静脉注射，或人工盐、酵母片等清肠健胃药，并加强护理。

任务9 猪应激综合征

猪应激综合征是指猪受到多种不良因素的刺激而引起的非特异性应激反应。

【病因】

1. 外因

常见的有惊吓、捕捉或保定、运输、驱赶、过冷过热、拥挤、混群、过劳、咬架、噪声、电激、禁闭、地震感应、空气污染、强化培养、环境突变等。另外，创伤、感染、外科手术、麻醉、疫苗注射等也会引起本病。

2. 内因

内因主要是通过猪对应激的敏感性而表现出来，即应激敏感猪。这种敏感性具有遗传性，可从外貌、神经型、血型等表现出来。应激敏感猪肌肉发达，瘦肉率高，屠宰率高，皮下脂肪层薄，几乎都体矮，具有明显的肌肉体质，腿部肥胖呈卵圆形，臀部圆，表面有粗大的血管，腿部肌肉间界限明显，眼球突出有恐怖感，精神不安，胆小，易受惊。杂交猪和某些瘦肉型猪如兰德瑞斯猪、皮特兰猪和波中猪等发病较多。

【诊断】

1. 病因调查

了解患猪的饲养管理过程中是否有应激因素，检测患猪是否为应激敏感猪。

2. 临床症状

患猪表现惊恐、骚动，肌肉和尾巴震颤，皮肤红斑，体温升高、口吐泡沫，黏膜发绀，食欲不振或废绝，心跳加快，呼吸急促，肌肉僵硬，站立困难，少尿或无尿，全身无力，眼球突出，休克，衰竭，常突然死亡。

3. 病理变化

由于尸体乳酸过高，引起僵尸化。骨骼肌和心肌变性、坏死，特别背最长肌苍白、质软，断面流出渗出液，折光性强，透明度高，根据颜色称白猪肉或水猪肉。肺水肿，支气管内充满泡沫样液体，胃肠充血、出血，黏膜溃疡或坏死。

【防治】

1. 治疗

早期出现应激综合征的患猪宜立即单圈静养，充分休息，凉水喷洒全身，症状不严重的多可自愈。

对重症病猪则必须应用镇静剂、皮质激素、抗应激药以及抗酸药物进行治疗。如氯丙嗪1～2 mg/kg体重，肌肉注射，有较好的抗应激作用。延胡索酸100 mg/kg体重，与饲料混合饲喂，可提高猪抵抗力和预防猪应激反应后的不良后果。皮质激素、水杨酸钠、巴比妥钠、盐酸苯海拉明以及维生素C和抗生素等也可选用。为解除酸中毒，可用5%碳酸氢钠溶液100 mL，静脉注射。

2. 预防

优良品种的选育和科学的饲养管理是预防本病的最好措施。通过临床观察、血型鉴定、氟烷测验和LPK值测定，检出应激敏感猪种并淘汰，从而选育出抗应激品种。尽量减少应激因素，注意加强饲养管理，猪舍应避免高温、潮湿和拥挤。在收购、运输猪的过程中，要尽量减少各种不良因素的刺激，避免惊吓。肥育猪运到屠宰场，应让其充分休息，散发体热后屠宰，屠宰过程要快，胴体冷却也要快，以防产生劣质的白猪肉。在可能发生应激前，如猪转群前先给予镇静剂如氯丙嗪、安定、静松灵等，并补充硒和维生素 E，有助于降低本病的死亡损失。

任务 10 僵猪

僵猪是由于先天发育不足引起的一种疾病，又称"小老猪"、"小赖猪"。以生长发育缓慢或停滞为特征。不同地区均可发生，给养猪业造成很大损失。

【病因】

1. 胎僵

近亲繁殖，造成后代品种退化，生长发育停滞；种猪年龄过大或过早交配，致使后代生长发育缓慢。

2. 奶僵

孕期因母猪营养不良，日粮中缺乏蛋白质、矿物质、微量元素及维生素，致使胎儿先天发育不足，影响后天的生长；或者产后对哺乳仔猪护理不当，如小猪出生后没有固定的乳头，弱仔猪吃不到好乳头等，加之母猪泌乳能力差，乳汁少，致使仔猪不能满足需要，生长停滞。

3. 食僵

仔猪断奶后，日粮品质不良，营养缺乏，或育成仔猪大群饲养，强者抢着吃，弱者吃不到料，处于饥饿状态，久而久之形成僵猪。

4. 病僵

仔猪蛔虫病、肺丝虫病、鞭虫病、姜片吸虫病、肾虫病等寄生虫病。副伤寒、痘病、气喘病等传染病，慢性胃肠炎及其他慢性疾病，阻碍仔猪的生长发育，变成了僵猪。

【诊断】

1. 病因调查

了解患猪父母代猪的配种情况，母猪及患猪的饲养管理状况，以及患猪是否患有蛔虫病、肺丝虫病、鞭虫病等寄生虫病，副伤寒、痘病、气喘病等传染病，慢性胃肠炎及其他慢性疾病。

2. 临床症状

本病多发生于 10～20 kg 体重的猪。临床表现为被毛粗乱，消瘦，弓背缩腹，精神不振，生长迟滞，平均每日生长不足 50 g，有的 6 月龄才 20 kg，有的养 1～2 年尚未达到出售标准。对于病僵，随疾病不同临床表现各异，如患喘气病有咳嗽和气喘症状；患仔猪副伤寒的长期腹泻且时好时坏；患寄生虫病时表现贫血，并且有异嗜现象。

【防治】

1. 治疗

首先对僵猪分圈单养，然后针对病因采取相应治疗措施。调整日粮结构，保证营养全价，饲喂富含蛋白质、矿物质、维生素的饲料。

驱虫、洗胃、健胃：驱虫可用左旋咪唑片，25 mg/kg 体重，研末后混入饲料中饲喂。第 5 天健胃，用大黄苏打片每 10 kg 体重 2 片，分 3 次拌入饲料中喂服。

药物治疗：

(1)枳实、厚朴、大黄、甘草、苍术各 50 g,硫酸锌、硫酸亚铁、硫酸铜各 5 g,共研细末混合均匀,每千克体重 0.3～0.5 g 喂服,2 次/d,连喂 3～5 d。

(2) 维丁胶性钙 1～3 mL/头,维生素 B_{12} 10～15 mL/头,氢化可的松 5～10 mL/头,1 次/d,肌肉注射,连用数天。

(3)健康猪血,现采现用,5～10 mL/头,1 次/d,肌肉注射,连用 3～5 d。

以上方剂任选一方均有一定效果。有慢性疾病的僵猪要在首先治愈原发病以后,再选用上述药方进行调治。

2. 预防

主要是加强饲养管理。针对发病原因,采取相应措施,一般都能收到较好的效果。

配种和妊娠期间防止近亲交配和早配,加强妊娠母猪的饲养管理,根据不同妊娠阶段调整饲料配方,特别是妊娠后期,要给予足量的蛋白质、矿物质和维生素,以保证胎儿正常发育,母乳充足。哺乳期间:母乳不足时,除加强母猪补料外,对小猪要进行人工补喂;哺乳仔猪生后 1 周左右开始补料,对个别弱小仔猪要特别关照;适时断奶,断乳仔猪要喂给全价饲料,以保证生长发育的需要。

圈舍要保持清洁干燥;定期驱虫,发现疾病及时治疗;猪群中发现僵猪时,要及时采取措施。

【案例分析】

案例 1　某猪场的一栋猪舍因维修不善,在一次大雨中发生漏雨事故,第二天发现同舍的体重约 45 kg 的两头猪紧靠着卧于猪舍一角,不吃不喝。临床检查,精神沉郁,趴卧一隅,饮、食欲显著减退,鼻盘干燥,皮温灼手,体温升高达 41℃,咳嗽,流浆液性鼻液,听诊心音增强,心率为 91 次/min。呼吸音增强,呼吸次数为 33 次/min。排粪、排尿减少。其他未见明显异常。

1. 诊断　猪风热感冒。

2. 治疗措施　加强护理,解热镇痛,抗菌(抗病毒)消炎,对症治疗,中兽医治疗。

3. 处方用药

【处方 1】

30%安乃近注射液 5～10 mL。

用法:肌肉注射,1～2 次/d。

【处方 2】

(1)复方氨基比林注射液 5～10 mL。

用法:肌肉注射,1～2 次/d。

(2)青霉素 2 万～3 万 IU/kg 体重。

用法:用适量注射用水溶解后,一次肌肉注射,每天 2～3 次,连用 2～3 d。

说明:本方用于发热程度较重或有合并感染的感冒,必要时可与链霉素混合肌肉注射。

【处方 3】(桑菊银翘散)

(1)桑叶 20 g,菊花 15 g,金银花 10 g,连翘 10 g,杏仁 10 g,桔梗 10 g,薄荷 8 g,牛蒡子 10 g,生姜 15 g,甘草 8 g。

用法:研末,开水冲调,候温一次灌服。

说明:适用于表热型。

(2)血针　山根、耳尖、尾尖。

案例2　某封闭式猪场进行甲醛气雾消毒后，第二天即从外地购进一批商品仔猪，部分猪出现食欲减退，咳嗽，有时咳出灰白色黏液，鼻孔流出浆液性、黏液性鼻液。临床检查：体温基本正常，呼吸加快，个别猪呼吸困难，听诊肺泡呼吸音增强。

1.诊断　仔猪急性支气管炎。

2.治疗措施　加强护理，抑菌消炎，止咳祛痰，中兽医疗法。

3.处方用药

【处方1】

(1)青霉素1万～1.5万IU/kg体重，注射用水适量。

用法：肌肉注射，每日2次，连用2～3天。

(2)青霉素80万IU，链霉素100万IU，0.5%盐酸普鲁卡因溶液15～20 mL。

用法：将抗生素溶于盐酸普鲁卡因内，直接向气管内注射，每日1次。

(3)氯化铵0.2～2 g。

用法：口服，每日1～2次。

说明：本方用于咳嗽频繁、支气管分泌物黏稠的急性支气管炎患畜的治疗。

【处方2】

(1)10%磺胺嘧啶钠溶液5 mL。

用法：一次肌肉注射或静脉注射，每日1～2次。

(2)复方樟脑酊5 mL。

用法：口服，每日1～2次。

说明：本方用于分泌物不多，但咳嗽频繁且疼痛的急性支气管炎患畜的治疗。

【处方3】

四环素5～10 mg/kg，5%葡萄糖溶液500 mL。

用法：一次腹腔注射，每日2次。

【处方4】(款冬花散)

款冬花15 g，知母12 g，贝母13 g，桑皮10 g，马兜铃10 g，桔梗10 g，杏仁10 g，双花15 g，黄药子10 g，郁金10 g。

用法：共研末，一次开水冲服。

说明：本方具有清热降火，止咳祛痰之功。适用风寒咳嗽。

案例3　某种猪场，一栋猪舍的仔猪近期相继出现急性死亡现象。该猪舍的母猪曾得过口蹄疫，仔猪精神高度沉郁，全身虚弱无力，运步踉跄，可视黏膜高度发绀，呼吸高度困难。听诊第一心音强盛，第二心音微弱。

1.诊断　仔猪急性心力衰竭。

2.治疗措施　加强护理，减轻心脏负担，缓解呼吸困难，增强心肌收缩力以及对症疗法。

3.处方用药

【处方1】

(1)20%安钠咖溶液5 mL。

用法：一次肌肉注射。

(2)25%葡萄糖100 mL，5%维生素C 10 mL。

用法：腹腔注射。

说明：本方法具有减轻心脏负担，改善心肌营养，增强心脏机能的作用。适用于呼吸困难，静脉瘀血严重的心力衰竭患畜。

【处方 2】

腺苷三磷酸 50 mg，辅酶 A 300 mg，细胞色素 C 50 mg，维生素 B_6 0.2 g，25%葡萄糖溶液 50 mL。

用法：静脉注射，每日 1 次，连用 3～5 d。

说明：本方具有加强心肌能量代谢，改善心肌营养的作用。

【处方 3】

(1) 毛花强心苷(西地兰 D) 0.5 mL，25%葡萄糖注射液 50 mL，维生素 C 注射液 1 g，ATP(腺苷三磷酸) 50 mg，辅酶 A 100 IU，5%葡萄糖生理盐水 100 mL。

用法：一次静脉注射。

(2)复方奎宁注射液 5 mL。

用法：一次肌肉注射。

说明：用于急性心力衰竭。

【处方 4】

(1)25%葡萄糖 100 mL，胰岛素 10 IU，10%氯化钾注射液 5 mL。

用法：静脉注射，每天 1 次，连用 3～5 d。

(2)10%樟脑磺酸钠注射液 5 mL。

用法：一次肌肉注射，1～2 次/d，连用 3～5 d。

【处方 5】

0.1%肾上腺素注射液 1 mL，25%葡萄糖注射液 100 mL。

用法：一次静脉注射。

说明：用于急救。

【处方 6】(参附汤)

党参 20 g，熟附子 12 g，生姜 10 g，大枣 10 g。

用法：水煎 2 次，候温灌服。每天 1 剂，7 剂为一疗程。

【处方 7】(营养散)

当归 6 g，黄芪 12 g，党参 15 g，茯苓 10 g，白术 15 g，甘草 6 g，白芍 9 g，陈皮 6 g，五味子 10 g，远志 6 g，红花 6 g

用法：共为末，开水冲服，每天 1 剂，7 剂为一疗程。

说明：当患畜水肿明显时，应限制钠盐摄入，并给予双氢克尿噻，猪 0.05～0.1 g 内服，也可用速尿按 2～3 mg/kg 体重内服或 0.5～1.0 mg/kg 体重肌肉注射，1～2 次/d，连用 3～4 d。此外，应针对本病出现的症状，给予健胃，缓泻等制剂。

案例 4　某商品猪场，近日相继出现发病猪只，病猪体温升高，呈稽留热。食欲废绝，体表发红，可视黏膜黄染，尿液呈酱油色。粪便少而干硬。呼吸急促，心跳加快。

1.诊断　猪溶血性贫血。

2.治疗措施　消除原发病，给予易消化富有营养的饲料，输血并补充造血物质。

3.处方用药

【处方1】

右旋糖酐铁注射液1～2 mL。

用法：一次深部肌肉注射。

说明：也可用葡聚糖酐铁、焦磷酸铁、牲血素、多血素等。

【处方2】

硫酸亚铁5 g，酵母粉（食母生）10 g。

用法：混匀后，分成10包，每天1包，拌料内服。

【处方3】

(1)0.25%硫酸亚铁水溶适量。

用法：饮服。

(2)维生素B_{12}注射液2～4 mL。

用法：一次肌肉注射，每天1次，连用3～5 d。

【处方4】

硫酸亚铁2.5 g，硫酸铜1 g，氯化钴2.5 g。

用法：加水1 000 mL，纱布过滤，每只猪每次用半匙，拌料或混在水中喂给。

【处方5】

党参10 g，白术10 g，茯苓10 g，神曲10 g，熟地10 g，厚朴10 g，山楂10 g。

用法：煎汤，一次内服。

【处方6】

同源猪健康全血200 mL。

用法：一次静脉注射。

说明：严重的各型贫血都可输血治疗，但尽可能仅用1次，最多2次。代血浆类不受此限。

【处方7】

5%葡萄糖生理盐水200～400 mL。

用法：一次静脉注射。

说明：用于毒物引起的溶血性贫血。

备注：对于支原体、寄生虫继发的贫血应采用相应的措施。

案例5 某种猪场的30日龄仔猪，精神沉郁，食欲减退甚至废绝。体温升高，高度兴奋、惊恐，发病严重时站立不稳，躺卧四肢呈游泳状，后期，卧地不起，意识丧失，死亡。

1.诊断　仔猪脑膜脑炎。

2.治疗措施　加强饲养管理，抗炎解毒，降低颅内压，对症治疗。

3.处方用药

【处方1】

(1)20%甘露醇注射液150 mL，10%葡萄糖注射液100 mL，10%磺胺嘧啶钠注射液20 mL，地塞米松注射液8 mg。

用法：一次静脉注射，每日一次。

说明：也可选用其他抗生素代替磺胺嘧啶。

(2)盐酸氯丙嗪注射液1～2 mg/kg体重。

用法：一次肌肉注射。

说明：用于兴奋型，也可用25%硫酸镁静脉注射。

【处方2】

20%甘露醇注射液100～250 mL。

用法：1次静脉注射，每日2次。

说明：降低颅内压。也可按同等剂量的25%山梨醇注射液静脉滴注。

【处方3】

2.5%盐酸氯丙嗪1～2 mL。

用法：1次肌肉注射。

说明：镇静。

【处方4】

10%溴化钠注射液3～5 mL。

用法：1次静脉注射。

说明：镇静。

【处方5】

10%磺胺嘧啶钠注射液20 mL。

用法：一次静脉注射，每日1次，连用3～5 d。

说明：消炎解毒。

【处方6】

20%苯甲酸钠咖啡因注射液2～5 mL。

用法：心脏衰竭时一次肌肉注射。

说明：强心。为降低颅内压，消除脑水肿，可先放血20～50 mL，随后静脉注入等量的10%～25%葡萄糖溶液。

【处方7】(朱砂散加减)

朱砂5 g，茯神15 g，黄连10 g，栀子15 g，远志15 g，郁金18 g，黄芩15 g。

用法：水煎去渣，冷后加蛋清20 mL、蜂蜜60 mL混合，一次灌服。

说明：用于兴奋型。

案例6 某商品猪场，8月份的一天，到外地购仔猪，途中发现某些仔猪精神沉郁，站立不稳，呼吸、心跳加快，结膜发绀，呕吐，严重的意识丧失，昏迷死亡。

1.诊断 仔猪中暑。

2.治疗措施 加强护理，促进降温，减轻心肺负担，镇静安神，纠正水盐代谢和酸碱平衡紊乱。

3.处方用药

【处方1】

(1)10%樟脑磺酸钠注射液4～6 mL。

用法：一次肌肉注射，每天2次。

(2)5%葡萄糖生理盐水100～250 mL。

用法：耳静脉放血20～30 mL后一次静脉注射，4～6 h后重复一次。

【处方2】

鱼腥草10 g，野菊花10 g，淡竹叶10 g，陈皮5 g。

用法：水煎100 mL，一次灌服。

【处方 3】

生石膏 5 g,鲜芦根 15 g,藿香 5 g,佩兰 5 g,青蒿 5 g,薄荷 5 g,鲜荷叶 15 g。

用法:水煎灌服,每日一剂。

【处方 4】

穴位:山根、天门、血印、耳尖、尾尖、鼻梁、涌泉、滴水、蹄头。

针法:血针。

案例 7　一商品猪场,一次运猪途中,汽车途中急刹车,回到猪场卸猪后发现,有一头猪后肢不能站立,体温、呼吸、心跳基本正常。

1. 诊断　猪脊髓挫伤。

2. 治疗措施　保持安静,避免活动,减少刺激,多铺垫草,防止褥疮。

3. 处方用药

【处方 1】

(1)5%安络血注射液 2～4 mL,20%甘露醇注射液 100～250 mL,10%葡萄糖注射液 100 mL。

用法:一次静脉注射,每日 2～3 次。

说明:止血药也可用维生素 K_3、止血敏等。脱水药也可用山梨醇等。

(2)10%磺胺嘧啶钠注射液 20 mL,地塞米松注射液 4～12 mg。

用法:一次静脉注射,每日 1 次,连用 3～5 d。

说明:预防腰部感染。

【处方 2】

盐酸氯丙嗪注射液 1～2 mg/kg 体重。

用法:一次肌肉注射。

说明:镇静。用于痉挛、抽搐或兴奋不安。

【处方 3】

(1)细胞色素 C 10～20 mg,25%葡萄糖溶液 50 mL。

用法:一次静脉注射。

(2)腺苷三磷酸注射液 10～20 mg,20%苯甲酸钠咖啡因注射液 1～2 mL。

用法:一次肌肉注射。

说明:促进脊髓细胞功能恢复。

案例 8　1996 年 8 月 21 日,本公司猪场一头约 120 kg、分娩一个多月的母猪发病求治。主诉:今日早上起,不吃食,卧地不起,中午见走路转圈,口吐白沫,眼睛发呆。检查:患猪营养中等,体温 37℃,兴奋时呼吸急促,脉搏 89 次/min,走路呈圆周运动,步态不稳,共济失调,阵发性痉挛,有时口吐白沫、呕吐,严重期圆周运动加剧,小便失禁,饮食欲废绝,兴奋期过后卧地不起,四肢不动或呈游泳状;双目发呆,视物不清,视觉反射检查反应极弱,眼肌痉挛、斜视,瞳孔反射极弱甚至消失;鼻镜左歪,采食呈现咽部、舌肌麻痹吞咽障碍,针刺皮肤反应极弱。诊为脑炎。

治疗:当日中午一次颈部肌注青霉素 320 万 IU、安痛定 40 mL,肌注硫酸镁 60 mL(其中 30 mL 作脑俞穴注入)。用药后 2 h 检查,病状减轻,阵发性痉挛减少,又按上法治疗二次(间隔 4 h)。晚 8 时检查,采食动作未见恢复,阵发性痉挛消失,转圈运动减轻。次日 7 时,颈部肌注青霉素 400 IU、安痛定 40 mL，硫酸镁 40 mL 分颈肌和脑俞穴各半注射，上午 11 时肌注地塞米松磷酸钠 5 mL，下午 1 时出现食欲，进少量食，5 时又出现阵发性痉挛，口有白沫，圆圈运动，呼吸急促，尿失禁，共济失调，靠墙而行，时见倒地。8 月 23 日，改用安宫牛黄丸 2 粒（体重 50 kg 以下用 1 粒），温开水调合一次服，硫酸镁 60 mL 一次脑俞穴注入、复方胆汁注射液 10 mL、维丁胶性钙 10 mL 分别一次肌注，两耳内分别灌注食醋各 10 mL，同时针刺锁口、开关、牙关、鼻梁、山根、寸子等穴。经上述方法处理后到下午 5 时（约 7 h），病猪出现采食动作，进食 4 碗饭，运动功能恢复正常，口中白沫、阵发痉挛消失，针刺反应敏感，排粪、尿正常。为巩固疗效，8 月 24 日重复用药一次，痊愈。10 d 后追访未见复发。

案例 9 某猪场于 2009 年建立，距离省道较近，其中共有生猪 238 头，种公猪 1 头、种母猪 18 头。在 2013 年 3 月，其中部分哺乳期间的仔猪皮肤出现散在斑点状丘疹，共有 8 头仔猪相继发病，都表现出泌尿困难、食欲减废的症状，猪精神萎靡，体重迅速下降。病变主要发生在背部、臀部和身体两侧，并可延伸至下腹部及前肢，严重的可覆盖全身各处。猪场采用链霉素以及庆大霉素进行治疗，但是治疗效果不佳，发病仔猪数持续增加，到了 3 月底，已经有 4 头哺乳仔猪病危，而且 1 头妊娠母猪流产。对于因为急性型病死的猪只，进行剖检可以发现，淋巴结出血性肿大，肾早期肿胀，外观呈土黄色，肾皮质变薄易碎，中晚期质地坚实，肾包膜较难剥离，肾实质有大小不一且灰白色的坏死灶。

取病死猪只的深部组织与淋巴结组织进行观察，剪切成碎片后采用姬姆萨氏染液染色，观察是否存在Ⅱ型猪圆环病毒。镜检结果显示患病猪只的体内出现单链环状病毒，呈现深紫色。结合临床症状、剖检结果、镜检以及血清检测结果，可以确诊猪只患有急性肾炎。

1. 预防 Ⅱ型圆环病毒可以通过环境传播，为了做好猪肾炎症的预防，需要对猪场进行管理，做好猪场的消毒，消除感染源。春季是病毒活跃的季节，为了做好猪肾炎的防治管理，需要结合本地区的流行病趋势，加强预防管理，按照规范对断奶仔猪进行疫病防治管理，对于新引进猪场的猪只，需要进行隔离饲养，确定无感染源后合并饲养。在病毒高发季节，在仔猪与成长猪的饲料中添加泰乐菌素，能够提升猪只的免疫能力，降低患病概率。

2. 治疗 对于猪肾炎症的猪只，需要做好隔离管理，采用中西医结合治疗猪肾炎。常规疗法可以采用肌肉注射硫酸卡那霉素，以 5 d 为一个疗程，不得中间停药，避免复发。同时可以采用肌注鱼腥草注射液，并且将蜂蜜等拌入饲料中，改善饲料口感，保证猪只食欲。土霉素治疗效果良好，剂量为每千克体重 30～40 mg，肌肉注射，每天 1 次，连注 3～5 d。病情较轻，一般加强饲养管理可促使康复。病情严重或已停止吃食的猪，用土霉素治疗后，症状即可得到显著改善。

【知识拓展】

猪肠扭转和肠套叠

1. 猪肠扭转

(1)发病原因 过冷的食物或水进入机体后，刺激部分肠管产生痉挛性的剧烈蠕动，而其他部分肠管处于弛缓状态。前段肠管内的食物迅速向后移动，若此时猪处于被驱赶状态，猛跑中摔倒或跳跃，肠管内食物不均衡，在频繁起卧或打滚时，肠管在剧烈的振荡中易发生扭转或缠结。

(2)病理变化　肠顺时针或逆时针方向扭转，局部肠管瘀血肿胀，而缠结则无定型，部分肠管胀气，严重时肠发生坏死或破裂。

(3)症状　病猪废食，起卧不安，甚至打滚，嘶叫，部分肠管膨胀。若空肠扭转短时间尚有排粪。若盲肠扭转时不排粪，体温一般无变化，当疼痛剧烈翻滚，四肢乱蹬时可达40℃或更高，按压腹部有固定的痛点，叩诊腹壁可听到鼓音。

(4)诊断要点　病猪突然不吃，腹痛剧烈，起卧不安，打滚，嘶叫，不排粪。触摸腹壁有固定痛点，附近叩诊有鼓音，打滚时体温升高，剖腹检查可确诊，常1～2 d死亡。

(5)类症鉴别　与便秘相似处是病猪不食，粪少或不排粪，尿少，腹痛等。不同处，多因吃粗糠和少饮水而发病，腹痛不剧烈，按压后腹部有硬块，有时直检可触及积粪，没有剧烈腹痛表现，与肠套叠相似处是病猪不食，不排粪或排少量，腹痛，起卧不安等。不同处是排少量稀粪，常带血液和黏液，如腹部脂肪不多，可摸到套叠部如香肠样，压之有痛感。

(6)防治措施　加强仔猪饲养管理，不喂有刺激性或过冷的饲料和水，猪在运动中不要驱赶过急以防摔倒。对不够屠宰而正生长发育的育肥猪或母猪，可在剖腹检查之机做手术纠正。对发生扭转缠结肠管涂以油剂青霉素防止粘连，缝合后每天注射抗生素，以消炎和防止感染。

2. 猪肠套叠

(1)发病原因　仔猪在饥饿或半饥饿时，肠管长时间处于弛缓和空虚状态，当刺激性食物由胃进入肠腔，前段肠肌伴随食物急剧蠕动，套入相邻接的后段肠腔中。

(2)症状　病猪突然不食，发生剧烈的腹痛，常翻倒滚转，鸣叫，四肢划动或跪地爬行，也有腹部收缩，背拱起，或前肢伏地，头抵于地面，卧立不安，发出哼声。初期频频排粪，后期停止排粪，常排出黏液。体温一般正常，但并发肠炎或肠坏死时，体温可轻度上升，结膜充血，呼吸及脉搏数增加，十二指肠套叠时常呕吐。

(3)诊断要点　病猪呕吐，废食，剧烈腹痛，排少量含有血液的黏稠稀粪，腹部有压痛，腹膘不太多的猪可摸到香肠状的肠段。

(4)类症鉴别　与便秘相似处是病猪不食，腹痛不安，排粪或不排粪，腹部有压痛等。不同处是腹后部可摸到坚硬粪块，或直检可触及粪块，腹痛不剧烈。与肠扭转相似处是病猪不食，腹痛剧烈，少排粪或不排粪，腹部触诊有痛感等。不同处是腹部摸到较固定的痛点，局部肠臌胀，叩之鼓音(五香肠样肠段)，因剧烈腹痛而打滚时体温可达40℃以上。

(5)防治措施　在发病之初及早进行手术整复，可望痊愈。由于确诊困难，常丧失手术时机。对仔猪应加强饲养管理，不喂给有刺激性的饲料，轻度的肠套叠可能自行恢复，严重的肠套叠常在数小时内死亡，慢性的常伴发肠壁坏死且预后不良。早期确诊后施行手术整复有治愈的希望，要保证母猪泌乳正常，注意饮温水(尤其天冷时)，禁止粗暴追赶、捕捉、按压，如遇骤冷天气注意保暖，避免因受寒冷刺激而激发肠痉挛。

猪三类心肌疾病

1. 心肌炎

心肌炎可能是由经血液传播的病原体或者邻近心包膜或心内膜炎性损伤累及引起的。猪心肌炎通常由致病性的细菌和病毒引起。虽然比较少见，弓形虫、旋毛虫、猪带绦虫和牛带绦虫的寄生阶段都有可能感染心肌并产生结节性或囊性病变。无论什么病因,心肌的炎症都可以通过诱导心肌变性和坏死、改变电传导和破坏心肌收缩来改变心血管功能。这些因素都可能导致与急性死亡有关的心律失常或者导致慢性心力衰竭。

2.心肌变性和坏死

心肌的变性和坏死是由一些对心脏的直接损害引起的或者由全身性疾病继发引起的,主要原因包括注射性的铁中毒、电解质和棉酚中毒与营养性的心肌病。心肌坏死也可由肥厚性或扩张性心肌病、发热、贫血、弥散性血管内凝血、毒血症、神经病变、猪应激综合征、全身感染或者心肌炎症继发引起。引起猪心肌变性和坏死的大量潜在病因使得准确地确定出某种特定的致病原因变得非常困难。猪桑葚心病是与猪缺乏维生素E和硒有关的多种疾病中的一种。起初在死亡的发病猪的心壁上发现出血点。因为发病猪的心脏有透壁性的出血,外形像桑葚。桑葚心病零星地散发于幼龄快速生长的猪。该病的临床症状不太明显,因为直到一般状态良好的猪突然死亡,该病才被发现。个别情况下,发病猪出现虚弱、发绀、轻微黄疸、皮下水肿、心跳过速和血清肌酶增加。该病导致的死亡一般认为与继发于心肌损伤的节律异常有关。到目前为止,桑葚心病确切的病理生理学机制还不是完全清楚。最近的理论发现该病的发生与自由基的产生和清除平衡的丧失有关,即未补偿的氧化代谢压力。自由基是在正常氧化代谢过程中产生的高度活性分子。细胞通常用抗氧化清除剂来中和自由基,例如超氧化物歧化酶、谷胱甘肽过氧化物酶、维生素E和维生素C。大体病理变化包括心包积液、肺水肿和透壁性心脏出血。具体来讲,心包经常被大量淡青色至淡黄色含有纤维素的液体充满而膨胀。心外膜、心肌和心内膜常有多灶性至成片点状瘀血斑。心肌坏死区域可能不太明显。桑葚心病的组织学特征包括组织间隙出血,浆膜下水肿,不同程度的肌纤维变性、坏死和矿化。基于损伤发生时间长短,组织学特征可能会有所变化。在急性死亡病例,组织学变化主要以出血为主,变性和坏死现象少见。亚急性病例,出血常常伴随着心肌变性、坏死和矿化。在心脏的小动脉和毛细血管、肾脏、肝脏、胃、肠、肠系膜、骨骼肌和皮肤也可见与食物性毛细血管疾病相似的微观病变。这些系统性的血管疾病在非特异性内皮细胞肥大、毛细血管微血栓和纤维素样坏死方面的严重程度不同。根据典型的大体病变和微观变化可以确诊桑葚心病。发现组织缺乏维生素E和硒可以支持判断,但不总是那么明显。治疗发病动物通常比较困难,因为发病动物在缺乏明显临床症状的情况下迅速死亡。建议由于桑葚心病正在经历死亡损失增加的畜群对1～4月龄的猪肠外注射商品化有效的维生素E-硒合剂产品。日粮中应该适当增加维生素E和硒,效果由多不饱和脂肪酸增加的水平来评价。补充维生素E比补充硒更为重要,因为后者与肝病密切相关,较低剂量的硒即可引起毒性。

3.心内膜疾病

大量猪心内膜病变都涉及心脏瓣膜。破坏瓣膜的功能可能对血流动力学产生负面影响、降低心脏效率以及导致心脏肥大或房室膨大。心瓣膜病的后遗症包括腱索破裂、心内膜壁纤维化和血栓栓塞。瓣膜性心内膜炎通常是猪的后天性心内膜病变。细菌病因经常与这些病变有关,猪链球菌是最常见的病因,偶尔可见于猪丹毒杆菌的流行,很少诊断出真菌和寄生虫病。二尖瓣是最常发生病变的部位,其次是主动脉瓣、三尖瓣、肺动脉瓣。不管病变瓣膜如何,尸检结果都是由一个或多个从瓣膜小叶延伸而来的不规则的红灰色或黄色结节组成,并且这些结节有可能扩散到相邻的心内膜。基于炎性病灶外表形似小花。显微镜下观察到急性病变部位由溃烂的瓣膜内皮组成,该瓣膜内皮覆盖有纤维素、细菌菌落和不同数量的炎性细胞。慢性病变肉芽组织覆盖瓣膜。瓣膜功能障碍时听诊有杂音，患病动物可能死于心力衰竭。

猪高热综合征

1. 病原

目前引发猪高热综合征的主要原发病因包括圆环病毒Ⅱ型和蓝耳病病毒，如果猪只出现免疫力低下状况，可诱发猪流感、伪狂犬病和猪瘟并继发多种细菌感染，造成病情复杂化，加大死亡率。从诸多地区检测的病料来看，病原有圆环病毒Ⅱ型＋蓝耳病病毒、猪瘟病毒＋蓝耳病病毒、圆环病毒Ⅱ型＋猪瘟病毒、伪狂犬病毒＋蓝耳病病毒或猪流感病毒＋猪瘟病毒＋蓝耳病病毒等二重或三重感染，继发感染的细菌有副嗜血杆菌和链球菌，以及多杀性巴氏杆菌和致病性大肠杆菌等。

2. 流行特点

夏秋季节是猪高热综合征的发病高峰期，呈区域性暴发流行。该病多发生于保育猪、育肥猪、后备猪及妊娠母猪，小型养猪场及散养户中多流行。饲养密度大、猪舍通风不良和隔热条件差，容易使猪只发生热应激，成为该病流行的诱因。

3. 临床症状

病猪体温升高达 41～42℃，精神委顿，呼吸困难，食欲降低直至废绝；结膜潮红，黏膜肿胀，腹下、四肢、颈下和耳部等皮肤发红或有出血点；小便短赤，尿液呈黄色且粪便干硬，严重病例排脓性血便。个别猪出现神经症状，母猪出现繁殖障碍、流产、产弱仔或死胎。

4. 发病原因

(1)夏季南方部分地区天气潮湿炎热，导致诸多病原体迅速繁殖且具有较强侵袭力，加上蚊蝇等吸血昆虫等病原传播媒介的出现，如果猪群免疫力低则极易诱发猪高热综合征的发生和流行。此外，在夏季南方地区多雨条件下，饲料如果保管不当极易发霉变质，给猪只饲喂霉变饲料也是诱发该病的主要原因之一。

(2)大部分小型养猪场和散养户饲养管理水平低，没有完善的生物治理措施，猪舍环境卫生差，通风不良，猪只过于拥挤，而且没有有效的防暑降温设施；饲喂的饲料不全价，导致猪只因摄入营养不均衡而使体质衰弱，抗病力差，这也是引起猪群发病的重要原因。

(3)猪群中普遍存在免疫抑制病原的持续性感染和隐性感染，严重损伤猪体免疫细胞，造成猪只处在免疫耐受和免疫麻痹状态，对疫苗免疫接种不产生免疫应答，丧失了免疫抗体的有效保护。在环境、温度和天气发生变化时，加上应激因素的存在，则容易诱发免疫力不强的猪只发生猪高热综合征。同时，部分养猪场忽视了圆环病毒疫苗的接种，猪瘟抗体水平大多不合格，免疫预防工作不到位也是诱发该病的重要原因。

5. 防控措施

(1)加强饲养管理，减少或避免应激。一方面要坚持全进全出、自繁自养制度，尽量限制猪群引种，避免带入病毒。必须引种则要进行消毒和隔离观察，确保无病方可混群饲养。在母猪产前和产后、仔猪断奶前后等重要生产阶段，猪群要每隔 1 个月进行一次体外驱虫，每隔 3 个月进行一次体内驱虫。另一方面严禁饲喂霉变饲料，夏季可在饲料中添加多种维生素和脱霉剂，确保饲料品质。同时，要做好猪舍的防暑降温工作，保持猪舍通风良好，消除蚊蝇等传播媒介,控制饲养密度,最大限度地减少猪的热应激。

(2)加强药物保健,提高猪体免疫功能。可在猪群饮水或饲料中添加药物加强保健,选用的保健药物要具有抗应激、抗菌和抗病毒的作用,且不出现耐药性、无药物残留和无毒副作用。例如在每吨饲料中拌入溶菌酶 300 g,甘草粉 150～200 g,转移肽和干扰素各 800～1 000 g,板蓝根粉和黄芪多糖粉各 1～1.5 kg,连续饲喂 7～12 d,可有效预防猪高热综合征的发生和流行。

(3)制定严格的消毒程序和免疫程序,控制病毒感染。采用 2%～3%的氢氧化钠对外界环境和出入人员、车辆进行消毒,发生疫情后交替使用 2 种以上消毒剂进行消毒,每天 2 次。小型养猪场和散养户应做好猪圆环病毒病、伪狂犬病、猪瘟及蓝耳病等疫苗的免疫接种工作,但是对疑似病例和发病猪禁止接种疫苗。

(4)发病猪群的治疗。对发病猪只及时隔离治疗,坚决淘汰野毒阳性猪,对病死猪进行深埋或焚烧等无害化处理。发病猪舍采用 1∶1 000 百毒杀或 1∶1 000 卫康带猪消毒,每天 1 次,连用 1 周。治疗猪高热综合征临床效果较好的药物有 3 类:溶解酶、转移因子和干扰素等细胞因子制剂,双黄连注射液、板蓝根注射液、清开灵注射液及黄芪多糖等中药制剂,血虫净、泰乐菌素、氟苯尼考及头孢类抗生素。临床治疗时,可采用中药制剂和细胞因子制剂联合用药,并且对症辅以抗生素,能够取得较好的疗效。

二维码 1-2　猪常见内科病的防治

二维码 1-3　猪胃溃疡的防治措施

二维码 1-4　猪胃肠卡他使用中药疗效好

二维码 1-5　猪肾炎临床诊断与治疗

【考核评价】

猪流感与猪感冒的鉴别和治疗

(一)考核题目

猪流感和猪感冒是两种在兽医临床上非常容易混淆的疾病,多发于早春和寒冬季节。这两种疾病具有相似性,也有其各自的特征,需要仔细地进行鉴别,并且采取针对性的措施加以治疗,以降低经济损失。而且猪患病后可能会传染给人类,因而必须做好猪流感和猪感冒的治疗工作。只有从本质上掌握猪流感和猪感冒两种疾病的区别之处,才能对症下药,取得良好的治疗效果。

请你对猪感冒和猪流感的病因、症状、防治方面进行鉴别。

(二)考核标准

1. 猪流感的病因和主要症状

(1)猪流感的病因　猪流感是一种流行性感冒，主要是猪受到了猪流感 A 型病毒的感染，是一种急性呼吸道感染疾病。猪流感的发病速度很快，很短时间内就可能扩散到大面积中。通常来说，大多数的猪都可能受到感染，发病率很高，但是猪死亡率很低。相比于猪感冒来说，猪流感更难于治疗。

(2)猪流感的症状　感染猪高烧不退，食欲减退，咳嗽和打喷嚏，眼结膜潮红，呼吸困难；口腔、鼻腔和眼睛等部位有黏稠液体流出，分泌物中带有血丝；尿液呈赤黄色，粪便干硬；精神欠佳，不愿走动。如果及时对病猪进行治疗，死亡率会得到控制，大约 1 周内病猪康复；如果治疗不及时，则可能出现并发症，如支气管炎和猪链球菌病等，病猪的情况可能恶化，容易因感染肺炎而死亡。如果病猪处于妊娠阶段，容易出现早产、流产或死胎现象。即使患有猪流感的母猪生下了仔猪，体质也十分虚弱，常常出现呼吸微弱和咳嗽等症状，如果管理不当仔猪很容易死亡。

2. 猪感冒的病因和主要症状

(1)猪感冒的病因　气温突变、冷风侵袭和营养不良都极易影响猪的健康而发生感冒。与猪流感不同的是，猪感冒不会大面积扩散和传染，是一种单体性疾病。

(2)猪感冒的症状　患有猪感冒的病猪食欲不佳，精神萎靡，体温上升至 40℃ 左右；咳嗽、流清涕，耳尖和四肢的后下端血液循环减退；毛色无光泽，部分病猪出现腹泻或便秘症状。猪感冒的治疗较为简单，一般不会出现死亡状况。

3. 猪流感和猪感冒的治疗和预防措施

猪流感和猪感冒的治疗均以止咳、清热和解毒为治疗原则。

(1)中药治疗方法　甘草 23 g，冰糖 27 g，麻黄、杏仁和菊花各 12 g，防风 11 g，金银花和连翘各 24 g，黄芪 31 g，牛蒡子 10 g。诸药共煎 2 次，留汁 400 mL，每隔 4 h 喂一次，每次喂量 200 mL，连喂 3 d 治愈。

(2)西药治疗方法　给患病猪注射青霉素和安痛定等药物，剂量按照说明书掌握。

(3)预防措施　必须加强对猪的日常饲养管理，以提高猪群的免疫能力。要关注天气变化，注意保持通风，在猪流感和猪感冒多发季节更重视防护工作，做到防寒保暖。另外还要做好检疫工作，促进猪群整体健康水平的提升。要为猪群接种疫苗，以抵抗典型的病毒性病原，如猪瘟和伪狂犬等。当猪群患有猪流感，一定要做好隔离工作，避免工作人员直接与病猪接触，防止将病毒传染给人类。猪圈中不可饲养其他家禽类动物，比如鸡、鸭等。

二维码 1-6　猪普通内科病复习与思考题

【知识链接】

1. NY/T 548—2015,猪传染性胃肠炎诊断技术.
2. NY/T 544—2015,猪流行性腹泻诊断技术.
3. DB51/T 1850—2014,猪圆环病毒病诊断技术规范.
4. DB34/T 1577—2011,规模化猪场猪圆环病毒病防控技术规程.
5. DB37/T 2385—2013,猪流感诊断技术.
6. DB64/T 764—2012,猪流感防制技术规范.
7. DB34/T 2162—2014,猪沙门氏菌病防治技术规程.
8. DB34/T 2163—2014,猪流行性腹泻防控技术规程.
9. DB65/T 3704—2015,规模化猪场口蹄疫防控技术规范.
10. DB21/T 2473—2015,规模猪场高致病性猪蓝耳病防治技术规范.
11. DB34/T 1894—2013,规模猪场猪支原体肺炎防控技术规程.
12. DB34/T 1893—2013,规模猪场副猪嗜血杆菌病防控技术规程.
13. DB34/T 1651—2012,规模猪场伪狂犬病净化技术规程.
14. DB45/T 1092—2014,猪乙型脑炎防控技术规程.

Project 2

猪营养代谢性疾病

学习目标

掌握猪营养不良性贫血、仔猪低血糖症、维生素缺乏症、矿物质代谢障碍病、微量元素缺乏症等常见营养代谢病的病因、症状、诊断、治疗和预防措施，从而为从事猪营养代谢病的诊疗工作打下基础。

【学习内容】

任务 11　仔猪营养性贫血

仔猪缺铁性贫血是指半月至 1 月龄哺乳仔猪缺铁所发生的一种营养性贫血。以血红蛋白含量降低，红细胞数量减少，皮肤黏膜苍白以及生长受阻为特征。患贫血仔猪对一些传染病，如大肠杆菌病、链球菌病和化脓性感染的易感性、发病率和死亡率均增高。

【病因】

本病一年四季均可发病，发病率高。主要是因为：一方面新生仔猪对铁的需要量大，体内铁的贮存量降低，不能满足仔猪正常生长的需要；另一方面母乳中铁的含量低微，仔猪不能从乳汁中获得所需的铁质，造成仔猪体内铁质不足，红细胞合成受阻而发生贫血。另外，母猪的乳汁或饲料中铜、钴、锰、蛋白质及维生素 B_{12} 的缺乏也与本病的发生有关。

【诊断】

1. 病因调查

着重了解母猪的饲料中是否缺乏铁、钴、锰、蛋白质、叶酸及维生素 B_{12} 等。

2. 临床症状

多发生于封闭式饲养，0.5～1 月龄的哺乳仔猪，表现为精神不振，离群伏卧，吮乳能力下降，食欲不定、减退或废绝。营养不良，生长发育缓慢，消瘦，被毛粗乱，体温不定。突出症状是可视黏膜呈淡蔷薇色，轻度黄染。

重症病例皮肤及可视黏膜苍白，光照耳壳呈灰白色，几乎看不到明显的血管，针刺也很少出血；心跳加快，呼吸增数，心区听诊可听到贫血性杂音，稍加活动则心悸亢进，喘息不止。有的仔猪外观消瘦，食欲不振，便秘、下痢交替发生，出现舔食砖头、石头、泥土、杂物、墙壁等异嗜现象，全身衰竭，直至死亡。

血液学变化：新生仔猪血红蛋白可由正常的每毫升 8～12 g 降至 3～4 g，红细胞数由正常的 $(50\sim80)\times10^{12}$ 个/L 降至 $(30\sim40)\times10^{12}$ 个/L。

3. 病理变化

皮肤、黏膜苍白，血液稀薄，全身轻度或中度水肿。肝脏肿大、淡黄色，肝实质少量瘀血。肌肉苍白，心肌尤为明显，心脏扩张，心肌松弛，脾肿大，肺水肿。

【防治】

1. 治疗

治疗原则是补充铁质，充实铁质储备，可口服或注射铁剂。口服常用的制剂有硫酸亚铁、焦磷酸铁、乳酸铁及还原铁等。其中，以硫酸亚铁为首选药物，为促进铁的吸收，常配伍硫酸铜。常用处方是：硫酸亚铁 2.5 g，硫酸铜 1 g，溶于 1 000 mL 水中，每千克体重用此混合液 0.25 mL，灌服，每日 1 次，连服 7～14 d。也可以用硫酸亚铁 100 g，硫酸铜 20 g，磨碎成细末后混于 5 kg 细沙中，撒在猪舍内，任仔猪自由舔食。另外，可用焦磷酸铁内服，剂量为 30 mg，连用 1～2 周；还原铁对胃肠几乎无刺激性，可 1 次内服 0.5～1 g，每周 1 次。

铁制剂注射：特点是疗效迅速而确实，常用的制剂有右旋糖酐铁、葡萄糖铁钴注射液、山梨醇铁。实践证明，葡萄糖铁钴注射液或右旋糖酐铁 2 mL，深部肌肉注射，通常 1 次即愈，必要时隔1周再半量注射1次。此法在某些规模化猪场已经列入仔猪用药程序。

2.预防

预防本病的主要措施是加强妊娠母猪和哺乳母猪的饲养管理，增加哺乳仔猪外源性铁剂的供给。多喂给妊娠母猪和哺乳母猪富含蛋白质、无机盐和维生素的饲料。最好让仔猪随母猪到舍外活动或放牧，也可在猪舍内放置土盘，装添红土或深层干燥泥土，任仔猪自由拱食。在水泥地面的猪舍内长期舍饲仔猪时，必须从仔猪生后3～5 d开始补加铁剂。补铁方法是将铁铜合剂撒在粒料或土盘内，或涂于母猪乳头上，或逐头按量灌服。少数育种用的仔猪，可于出生后3 d肌肉注射右旋糖酐铁2 mL，预防效果确实可靠。

任务12 仔猪低血糖症

新生仔猪低血糖症是由于仔猪血糖浓度降低而引起的一种代谢病，又称为乳猪病。临床上以典型的神经症状为主要特征，主要发生于1周龄以内的新生仔猪，年龄较大（超过1周龄）的不发病。本病多发生于冬、春季节，夏、秋季节少见。死亡率可达50%～100%。

【病因】

引起仔猪低血糖症的主要原因是哺乳不足。

1.母猪无乳或少乳

母猪在怀孕期间营养不良，造成母猪产后少乳或无乳；母猪因患有某种疾病而造成少乳或无乳，使仔猪哺乳不足。

2.母乳质量低劣

由于饲料中蛋白质含量不足、发生霉败等各种原因造成乳质低劣、乳中含糖量很少；或初乳过浓，乳蛋白、乳脂肪含量过高，不利于消化吸收等因素造成仔猪低血糖。

3.新生仔猪无法吮吸足够母乳

因仔猪患有大肠杆菌病、链球菌病、传染性胃肠炎、先天性糖原不足、同种免疫溶血性贫血、先天性肌震颤、消化不良以及营养不良等各种疾病，引起仔猪吮乳减少、消化吸收障碍；仔猪先天性衰弱，抵抗力较差而造成吮乳不足，引起低糖血症。

此外，个别哺乳母猪抗拒哺乳，母猪乳头不足等也是造成本病发生的原因。气候寒冷，舍温降低等可促使本病的发生。

【发病机理】

新生仔猪在出生后第1周内，因其糖代谢调节机能发育不全，糖原异生能力差，肝糖原贮存少，血糖主要来源于母乳和胚胎期间贮存肝糖原的分解，如果吮乳不足，有限的能量储备很快耗尽，极易导致仔猪低血糖症的发生。仔猪低血糖时，首先脑组织受影响，呈现抽搐、昏迷等神经症状。另外，低血糖导致肌糖原不足，ATP生成减少，肌肉收缩无力，病猪四肢软弱无力，卧地不起。并因肌肉、肝脏产热减少，病畜体温降低。

【症状】

病初，患病仔猪表现为精神不振，四肢软弱无力，肌肉震颤，步态不稳，摇摇晃晃，不愿吮乳，离群伏卧或钻入垫草，呈嗜睡状。皮肤发冷、苍白，体温降低。后期，卧地不起，多呈现神经症状，痉挛或惊厥，空嚼，流涎，肌肉颤抖，眼球震颤，角弓反张或四肢呈游泳样划动。感觉迟钝或消失，心跳缓慢，体温多降至常温以下，皮肤厥冷。最终陷于昏迷状态，衰竭死亡。病程不超过 36 h。

血液学变化：血糖明显降低，血糖含量由正常 4.26～8.34 mmoL/L(76～149 mg/dL)降至 2.8 mmoL/L(50 mg/dL)以下。非蛋白氮含量明显增高。

【病理变化】

外观无变化。颈下、胸腹下皮下常有不同程度的水肿，切开后流出透明无色的水肿液。血液凝固不良。胃内充满气体，部分仔猪胃内有数量不等的凝乳块。肝脏变化最特殊，呈土黄色或橘黄色，边缘锐利，质地脆弱，像嫩豆腐一样，一碰即破。胆囊膨大，充满淡黄色胆汁。肾脏呈淡土黄色，有散在出血点。

【诊断】

根据新生仔猪吮乳不足的病史，发病仅于 1 周龄内，有明显的神经症状，肝脏的特征性变化，血糖含量显著降低以及葡萄糖治疗有疗效等做出诊断。

鉴别诊断：本病应与有神经症状的其他疾病，如细菌性脑膜炎、病毒性脑脊髓炎和伪狂犬病进行区别。

【防治】

治疗：最主要的是及时补糖，临床多应用 5%～10%葡萄糖液，15～20 mL，腹腔注射或皮下分点注射，每隔 4～6 h 注射 1 次，直至症状缓解，并能吮乳时为止。20%糖水灌服，10～20 mL/次，每隔 2～3 h 灌服 1 次，连用 2～3 d。与此同时，要消除病因，改善饲养条件，将仔猪移置到温暖的畜舍中，对母乳不足的仔猪，给予人工哺乳。

预防：为预防仔猪低血糖症的发生，于仔猪出生后 1 周内，应密切观察，及早发现，及时给予治疗。对初生仔猪注意保温，避免机体受寒，新生仔猪环境温度应保持在 25～30℃。防止仔猪饥饿，尽早让仔猪吃到初乳，并定时哺乳。对妊娠母猪要加强饲养管理，供给全价饲料，保证母猪产后有足够的、高质量的乳汁。选择泌乳量高的母猪作种猪，避免各种应激因素的刺激。如果产仔过多，可把部分仔猪寄养给其他母猪。

任务 13　猪黄脂病

猪黄脂病又称黄膘，是指屠宰后胴体脂肪组织呈黄色，并伴有不同程度的特殊鱼臭或肾臭味。

【病因】

主要与猪的品种、饲料品质及遗传因素有关。饲料中不饱和脂肪酸甘油酯含量过高或生育酚含量不足所致。猪用变质的鱼粉、鱼肝油下脚料、鱼类加工后的废弃物、蚕蛹等进行饲喂，易导致黄脂病的发生。长期饲喂含天然黄色素的饲料，如胡萝卜、南瓜、黄玉米等，有时也产生黄脂。

【症状】

生前大多不表现典型的临床症状，通常被毛粗糙，倦怠无力，黏膜苍白，呈现低色素性贫血。大多数病猪食欲不振，生长缓慢，有时发生跛行，眼内有分泌物。

【病理变化】

剖检时，皮下可闻到一股腥臭味，加热或炼油时异味明显。腹腔内脂肪呈黄色，有时腹腔内脂肪萎缩、质硬。肝脏呈黄褐色，有明显的脂肪变性。

【诊断】

一般根据发病史(即长期大量饲喂鱼杂碎或蚕蛹等)，结合剖检变化即可做出诊断。

【防治】

关键在于预防，调整饲料结构，禁喂鱼杂碎或蚕蛹。欲消除这种“黄膘”，可每天饲喂 500～700 mg 的生育酚，需较长时间才能见效。

任务 14　猪骨营养不良病

饲料中钙、磷缺乏，或二者比例失调或维生素 D 缺乏又日光照射不足时，则幼龄仔猪易发生佝偻病，成年猪易发生骨软病。临床上以消化紊乱、异嗜癖、跛行、骨骼变形为特征。

【病因】

(1)日粮中钙、磷缺乏或比例失调。饲料中钙、磷比例应是 2∶1或 1.5∶1 时才能被机体充分吸收和利用。

(2)饲料或猪体内维生素 D 缺乏。

(3)断奶过早或患有胃肠道病、寄生虫病，先天性发育不良也可影响钙、磷和维生素 D 的吸收、利用。

(4)先天性佝偻病，起因于母猪怀孕期间，缺乏日光照射，体内钙、磷、维生素 D 含量不足，影响胎儿骨组织的正常发育。

二维码 2-1　猪后肢弯曲

二维码 2-2　猪前肢弯曲

【症状】

早期呈现消化紊乱，然后出现异嗜癖，最后面骨及躯干、四肢骨骼变形，跛行、搐搦，间或伴有咳嗽、腹泻、呼吸困难和贫血。仔猪常跪地，发抖，后期由于硬颚肿胀，口腔闭合和咀嚼困难，影响吃食和咀嚼。成年猪的骨软病，多见于母猪。病初表现以异嗜为主的消化机能紊乱，然后出现跛行，后期多出现关节肿大变粗，尾椎骨移位变软，肋骨与肋软骨结合部呈串珠状肿。母猪易发生不孕，流产，难产，胎衣不下等。

【预防】

合理搭配日粮，保证钙、磷和维生素 D 的含量，长期舍饲的猪让其多户外运动，保证充足的光照。

【治疗】

对于仔猪，用维丁胶性钙注射液，按每千克体重 0.2 mg，隔天 1 次，肌内注射；维生素 A、维生素 D 注射液，2～3 mL，肌内注射，隔天 1 次。成年猪，用 10%葡萄糖酸钙 50～100 mL，静脉注射，1 次/d，连用数日；或用 20%磷酸二氢钠注射液 30～50 mL，静脉注射；或 3%次磷酸钙注射液 60～70 mL，静脉注射，并配合亚硒酸钠液肌肉注射。另外，在日粮中添加适量骨粉、乳酸钙、碳酸钙、南京石粉等均具有预防作用。

任务 15　猪维生素 A 缺乏症

维生素 A 缺乏症是指维生素 A 原长期摄入不足或吸收障碍所引起的一种慢性营养缺乏病。

【病因】

(1)富含维生素 A 原、维生素 A 的饲料供应不足。

(2)慢性胃肠道疾病和肝脏疾病，均会继发维生素 A 缺乏症，因为大量胡萝卜素是在肠上皮中转变成维生素 A，并且主要在肝脏中贮存维生素 A。

(3)泌乳、妊娠、生长高峰期及热性病和传染病时期，机体对维生素 A 的需要量增加。

【症状】

仔猪发病后典型症状是皮肤粗糙，皮屑增多，呼吸器官和消化器官黏膜常有不同程度的炎症，出现咳嗽、下痢等，生长发育迟缓。重症病例面部麻痹，头颈向一侧歪斜，步样蹒跚，共济失调，不久即倒地发出尖叫声。目光凝视，瞬膜外露，继而发生抽搐，角弓反张，四肢间歇性做游泳状动作。有的表现皮脂溢出，周身表皮分泌褐色渗出物。还可见夜盲症，视神经萎缩及继发性肺炎。妊娠母猪常出现流产和死胎，或产出弱胎、畸形胎，如瞎眼、独眼、兔唇、副耳、隐睾等。公猪则表现睾丸退化缩小，精液品质差。

【病理变化】

皮肤角化增厚，呈现皮脂溢出或皮炎，骨骼发育不良，特别是颅骨、面骨最明显；生殖系统和泌尿系统的变化表现为黏膜上皮细胞变为复层鳞状上皮；眼结膜干燥，角膜软化甚至穿孔；怀孕母猪胎盘变性，公猪睾丸退化缩小。

【诊断】

肝中维生素 A 和胡萝卜素正常值为 60 μg/g 和 4 μg/g 以上，临界值分别为 2 μg/g 和 0.5 μg/g，低于临界值即有症状；脑脊液压升高至 1.96 kPa 以上（正常值为 0.78～1.48 kPa）。

【预防】

加强饲养管理，饲料中补充维生素 A 制剂，保证饲料中含有充足的维生素 A 或胡萝卜素，消除影响维生素 A 吸收利用的不利因素。

【治疗】

内服鱼肝油或肌肉注射维生素 A 制剂。

维生素 AD 滴剂，仔猪 0.5～1 mL，成年猪 2～4 mL，口服。维生素 A 注射液，母猪 2～5 mL，仔猪 0.5～1 mL，肌肉注射。

浓鱼肝油，每千克体重 0.4～1 mL。成年猪 10～30 mL，仔猪 0.5～2 mL，内服。

需注意过量维生素 A 会引起猪的骨骼病变，使用剂量不要过大。

任务 16　猪 B 族维生素缺乏症

一、维生素 B_1 缺乏症

维生素 B_1 又称硫胺素。维生素 B_1 缺乏症指由于饲料中硫胺素不足或含有干扰硫胺素作用的物质所引起的一种营养缺乏病，临床以神经症状为特征。

【病因】

1. 原发性维生素 B_1 缺乏

主要是由于饲料中硫胺素含量不足引起。另外，机体对维生素 B_1 的需要量增加时，如母猪泌乳、妊娠、仔猪生长发育、慢性消耗性疾病及发热等生理或病理过程，而发生相对性供应不足或缺乏。

2. 继发性维生素 B_1 缺乏

饲料中存在干扰硫胺素作用的物质，如硫妥酶，可分解硫胺素而使其丧失生物活性。吡啶硫胺素和维生素 B_1 的结构相似，而相互发生颉颃作用，咖啡酸和棉籽也能竞争性颉颃硫胺素的吸收。另外，猪发生腹泻的时候，肠道吸收功能不良，影响维生素 B_1 的吸收，导致维生素 B_1 缺乏。

【症状】

该病发病缓慢，病程长，多数超过 7～10 d 以上，临床上仔猪较成年猪多发。病初精神不振，被毛粗乱，皮肤干燥，呕吐，腹泻，消化不良，有的共济失调，后肢跛行，瘫痪。后期，皮肤黏膜发绀，体温下降，最终衰竭而死。

【病理变化】

神经组织病变明显，呈节段性髓鞘变性或脱失，雪旺氏细胞水泡变性，间质水肿和循环障碍，有的神经发生炎症，局部可见有巨噬细胞和白细胞浸润。

【诊断】

实验室检查可见血中丙酮酸和硫胺素含量低于正常值。

【预防】

可按每天每千克体重给予硫胺素 30～60 μg，或在日粮中加入富含 B 族维生素的酵母、麸皮、米糠、发芽的种子或谷粉，一般可满足需要。此外，饲喂青绿饲料亦可补充维生素 B_1。

【治疗】

硫胺素(维生素 B_1)注射液，0.25～0.5 mg/kg 体重，皮下或肌肉注射。

二、猪维生素 B_2 缺乏症

维生素 B_2 又称核黄素。维生素 B_2 缺乏症指由于饲料中核黄素含量不足所致的一种营养缺乏病，临床上以生长发育不良，角膜炎、皮炎和皮肤溃疡为特征。

【病因】

主要由于饲料中维生素 B_2 含量不足引起。另外，饲料的加工、调制、贮存方法不当造成维

生素 B_2 的破坏。另外，猪患胃肠道疾病时，影响维生素 B_2 的吸收，继发维生素 B_2 缺乏症。

猪在寒冷的环境中对维生素 B_2 的需要量增加，机体供应相对不足，亦可引起维生素 B_2 缺乏症。

【症状】

临床上以患病猪生长发育不良、角膜炎、皮炎和皮肤溃疡为特征。病初，患猪食欲不振或废绝，生长缓慢，被毛粗糙无光泽，全身或局部脱毛，皮肤变薄、干燥；随后出现红斑疹、鳞屑、皮炎、溃疡，常见于鼻端、耳后、下腹部、大腿内侧，初期有黄豆大至指头大的红色丘疹，破溃后连接成黑褐色痂皮；严重时还会导致呕吐、腹泻、溃疡性结肠炎，步态僵硬，行走困难。后备母猪在繁殖或泌乳期，食欲废绝或不定，体重减轻，早产，死产。新生仔猪衰弱死亡，有的仔猪无毛，有的仔猪畸形，一般在出生后 48 h 内死亡。

【病理变化】

可见肝细胞坏死，脂肪肝。

【预防】

正常情况下，猪每千克体重每天需要 6～8 mg 核黄素，所以每吨饲料中补充核黄素 2～3 g，可有效防止本病的发生；另外，配制饲料的时候一定要合理搭配，保证全价营养，对于妊娠母猪或带仔母猪，要经常饲喂青绿饲料，增加户外活动。

【治疗】

可采用口服或肌注维生素 B_2 0.02～0.03 g/头，1 次/d，连用 3～5 d。在治疗同时饲喂青绿多汁饲料，可促进病猪的康复。

任务 17　猪硒和/或维生素 E 缺乏症

硒-维生素 E 缺乏症是指由于饲料中硒、维生素 E 含量不足而引起的营养代谢病。本病多发生于仔猪，成年猪也能发病。其主要特征是病猪骨骼肌、心肌、肝脏变性和坏死以及渗出性素质。本病在世界各地均有不同程度的发生，因此是一种世界性疾病，也是一种生物地质化学病。我国于 1955 年首次报道了猪的白肌病，我国约有 2/3 的面积缺硒，黑龙江、吉林、内蒙古、青海、陕西、四川和西藏七省（区）是缺硒区，其中以黑龙江省最严重。此外，辽宁、山东、江苏、浙江、福建等省沿海的一些县也严重缺硒。

【病因】

硒-维生素 E 缺乏症主要由于饲料中硒和维生素 E 不足引起。在低硒的土壤中生长的植物含硒量很低，用这些植物做饲料，很可能造成缺硒。本病的发生具有一定的区域性，但是现在饲料工业和运输业很发达，非缺硒地区很可能从缺硒地区购进饲料原料，这样在非缺硒地区也会发生本病。哺乳仔猪缺硒主要是由于母猪怀孕或哺乳时日粮中硒添加不足所致。此外，由于饲养管理不善，猪舍卫生条件差，以及各种应激因素都可能诱发本病。

【发病机理】

在正常机体代谢过程中，不断产生氧自由基和不饱和氢过氧化物（ROOH）等，这些有害物质使细胞膜及亚细胞膜结构被氧化、破坏。机体主要依靠硒和维生素 E 等抗氧化作用来保护细胞膜结构和功能。硒是谷胱甘肽过氧化物酶的重要组成成分，该酶能催化还原型谷胱甘肽变成氧化型的谷胱甘肽，同时使有毒的过氧化物还原成无毒的羟基化合物，并使过氧化氢分解，从而保护细胞和亚细胞结构（线粒体、溶酶体）脂质膜不受过氧化物的破坏。硒及其化合物是一种天然抗氧化剂，能使机体免受体内过氧化物的破坏，对细胞正常生理功能起保护作用。维生素 E 也有与硒相似的上述功能。维生素 E 是一种抗氧化剂，能减少自由基和不饱和脂肪酸过氧化物的生成，以自身被氧化来保护脂质膜不被过氧化物所氧化，这是机体的第一道抗氧化防线（屏障）。硒及其化合物是一种强抗氧化剂，抗氧化能力比维生素 E 高得多，是机体第二道抗氧化物防线。硒和维生素 E 在机体抗氧化过程中前后协同作用，能显著降低组织内过氧化物，从而保护了细胞膜和亚细胞膜。

当机体硒缺乏，维生素 E 也不足时，过氧化物在体内大量生成并不断积聚，导致对细胞膜的毒害，使细胞膜的完整性遭到破坏，多种器官组织发生营养不良，细胞变性和坏死等一系列病变。

【症状】

仔猪硒缺乏症主要有以下几种表现：

1. 白肌病

即肌营养不良。以骨骼肌、心肌纤维以及肝组织等变性、坏死为主要特征。1～3 月龄或断奶后的育成猪多发，一般在冬末和春季发生，以 2～5 月份为发病高峰。

急性型　病猪往往没有先驱征兆而突然发病死亡。表现出精神委顿及厌食现象，兴奋不安，心动疾速，数分钟内死亡。部分仔猪在 10～30 min 内死亡。本型多见于生长快速、发育良好的仔猪。

亚急性型　精神沉郁，食欲不振或废绝，腹泻，心跳加快，心律不齐，呼吸困难，全身肌肉弛缓乏力，不愿活动，行走时步态强拘、后躯摇晃、运动障碍。重者起立困难，站立不稳。体温无变化，当继发感染时，体温升高，大多病猪有腹泻的表现。

慢性型　生长发育停滞，精神不振，食欲减退，皮肤呈灰白或灰黄色，不愿活动，行走时步态摇晃。严重时，起立困难，呈前肢跪下或呈犬坐姿势，病程继续发展则四肢麻痹，卧地不起。常并发顽固性腹泻。尿中出现各种管型，并有血红蛋白尿。

2. 仔猪肝营养不良

多见于 3 周到 4 月龄的小猪。急性病猪多为发育良好，生长迅速的仔猪，常没有先兆症状而突然死亡。病程较长者，可出现精神沉郁，食欲减退，呕吐，腹泻。有的呼吸困难，耳及胸腹部皮肤发绀。病猪后肢衰弱，臀及腹部皮下水肿。病程长者，多有腹胀、黄疸和发育不良。常于冬末春初发病。

3. 仔猪桑葚心

1995 年发生于爱尔兰，也称营养性毛细血管异常或心肌营养不良，是硒和（或）维生素 E 缺乏所致的心脏-血管病变的一种代谢病。临床特征为皮肤出现红色斑块和循环衰竭。多见于 3～15 周龄的小猪，特别是断乳前后的仔猪，病死率高（约 90%）。仔猪外观健康，但在几分钟内出现精神沉郁，食欲减退和搐搦，最终衰竭死亡。有的病猪皮肤出现不规则的紫红色斑点，多见于两肢内侧，有时遍及全身。病程稍缓者，出现厌食，沉郁，喜躺卧，心跳急速，节律不齐，有心内杂音，呼吸困难。强迫运动时，常因心力衰竭而死亡。

4. 成年猪硒缺乏症

其临床症状与仔猪相似，但是病情比较缓和，呈慢性经过。治愈率也较高。大多数母猪出现繁殖障碍，表现母猪屡配不孕，妊娠母猪发生早产、流产、死胎，弱胎等。

【病理变化】

1. 白肌病

主要病变在骨骼肌、心肌和肝脏。骨骼肌中以背腰、臀、腿肌变化最明显，且呈双侧对称性病变。骨骼肌苍白似熟肉或鱼肉状，有灰白或黄白色条纹或斑块状混浊的变性、坏死区。病变肌肉水肿、脆弱。心脏变形，心脏扩张，体积增大。心肌弛缓、变薄，心内膜下可见灰白色或黄白色条纹和斑块，心内膜隆起或下陷，心内、外膜出血，心包积液。肝脏肿大，切面有槟榔样花纹，通常称为槟榔肝或花肝。肾脏肿大充血，肾实质有出血点和灰色斑。

2. 肝营养不良

急性病例可见肝的正常小叶和红色出血性坏死小叶及白色或淡黄色小叶混杂在一起，形成彩色多斑或嵌花式外观，发病小叶可能孤立成点，也可能连成一片，并且再生的肝组织隆起，使肝表面变得粗糙不平。慢性病例的出血部位呈暗红乃至红褐色，坏死部位萎缩，结缔组织增生，形成斑痕，使肝表面变的凹凸不平。

3. 桑葚心

剖检可见心脏增大，呈圆球状，心肌呈斑点状出血，心肌红斑密集于心外膜和心内膜下层，使心脏在外观上呈紫红色的草莓或桑葚状。循环衰竭，肺水肿，胃肠壁水肿，体腔内积有大量易凝固的渗出液。

【诊断】

根据本病多发生于仔猪、典型的临床症状和病理变化，结合饲料中硒的添加量以及组织中硒的含量测定，可以做出确诊。见表 2-1。

表 2-1 猪红细胞谷胱甘肽过氧化物酶(GSH-Px)活性和体内硒水平

临床状况	RBCGSH-Px/(μmol/gHb)	血清 Se/(mg/L)	肝脏 Se/(mg/kg 干物质)	肾皮质 Se/(mg/kg 干物质)
正常	100～200	0.12～0.30	1.40～2.80	5.3～10.2
缺乏	<50	0.05～0.06	0.10～0.35	1.4～2.7

【防治】

1. 治疗

0.1%亚硒酸钠注射液，成年猪 10～15 mL；6～12 月龄猪 8～10 mL；2～6 月龄 3～5 mL；仔猪 1～2 mL，肌肉注射。可于首次用药后间隔 1～3 d，再给药 1～2 次，以后根据病情适当给药。应用本药品时要注意浓度一般不宜超过 0.2%，剂量不要过大，可多次用药，一定要确保安全。饲料中适量添加亚硒酸钠，可提高治疗效果。一般日粮中每千克含硒量为 0.1 mg 较为适宜。

亚硒酸钠维生素 E 注射液，含维生素 E 50 IU，含硒 1 mg。肌肉注射，仔猪 1～2 mL/次。凡补硒的猪，在屠宰前至少必须停硒 60 d，使猪排出相当数量的硒，以达到可供食用的安全限度。

亚硒酸钠的治疗量和中毒量很接近，确定用量时必须谨慎。皮下、肌肉注射亚硒酸钠对局部有刺激性，可引起局部炎症。硒具有一定的毒性，应用剂量过大可发生急性中毒。也可配合使用维生素 K，作为硒缺乏症的辅助药物，与亚硒酸钠合并应用，可明显提高防治效果。

2. 预防

本病主要是饲料中硒含量不足或缺乏而造成的，因而预防本病的方法主要是提高饲料含硒量，供给全价饲料。对妊娠和哺乳母猪加强饲养管理，注意日粮组成和饲料合理搭配，保证有足量的蛋白质饲料和必需的矿物性元素和微量元素。尽量避免使用低硒地区种植的饲料或是单一大量以玉米作基础日粮。如必须使用时，应适当地补加硒，在本病常发地区或可疑地区，除采取在饲料中添加硒或补加含硒和维生素 E 的饲料添加剂外，也可对猪群施行亚硒酸钠的预防性注射。如有条件也可配合应用维生素 E 制剂。

任务 18　猪铜缺乏症

日粮中含因铜含量不足或缺乏，引起仔猪贫血、生长发育缓慢等一系列临床症状，称为铜缺乏。

【病因】

1. 原发性铜缺乏

主要由于饲料中铜含量不足引起，一般认为饲料含铜量低于 3 mg/kg，便可引起发病，8～11 mg/kg 为正常值，3～5 mg/kg 为临界值。这种情况在缺乏铜地区较为常见。

2. 继发性铜缺乏

主要由于饲料中钼含量过高引起，另外，硫、锌、银、锰、硼和抗坏血酸等都是铜的颉颃因子，均不利于铜的吸收。当猪患各种胃肠道疾病时，影响铜的吸收，也可继发铜缺乏症。

【症状】

病猪表现为生长发育缓慢，消化不良，食欲不振，腹泻，贫血，被毛粗糙，无光泽，弹性差，且大量脱落，毛色由深变淡，关节过度屈曲，呈犬坐姿势，有的出现共济失调，即行走时左右摇摆，急转弯时，常向一侧摔倒。骨骼弯曲，关节肿大，表现僵硬，触之敏感，跛行、站立困难。不愿行走，重症病例，后躯瘫痪，出现异嗜，吃泥土，啃木桩，舔墙壁，嚼异物。此外，个别母猪出现发情异常，不孕、流产。

【病理变化】

剖检特征性病变是消瘦和贫血，肝、脾、肾呈广泛性血铁黄素沉着。

【防治】

硫酸铜 1.0 g，硫酸亚铁 2.5 g，水 1 000 mL，混合过滤后喂仔猪或擦母猪乳头，或按每千克体重氯化钴、硫酸亚铁各 1.0 g，硫酸铜 0.5 g，溶入 100 mL 开水，供全窝仔猪内服。

任务 19　猪锰缺乏症

【病因】

1. 原发性锰缺乏

主要由于饲料中锰含量不足所引起，我国缺乏锰土壤多分布于北方地区。

2. 继发性锰缺乏

饲料中钙、磷、铁、钴及植酸盐含量过高，可影响机体对锰的吸收利用，这是因为锰与铁、钴在肠道内有共同的吸收部位，饲料中铁和钴含量过高可引起竞争性抑制锰的吸收。

【症状】

病猪主要表现为生长发育受阻，骨骼畸形，繁殖机能障碍，新生仔猪运动失调以及脂肪和糖代谢紊乱等症状。母猪乳腺发育不良，发情期延长，受配率降低，出现流产、死胎、弱胎。新生仔猪弱小，呻吟，震颤，站立困难，行走蹒跚，断乳仔猪生长缓慢，饲料利用率降低，体脂沉积减少，管状骨变短，骨骺端增厚，临床可见步态强拘或跛行。有的表现出类似佝偻病的症状。

【病理变化】

剖检，骨短而粗。

【诊断】

实验室检查，血锰含量低于正常。

【防治】

正常情况下锰的需要量，每天每千克体重平均为 0.3 mg。对于缺锰地区患病猪，通过加强饲养管理，合理调配日粮，给予富锰饲料，可有效治疗和预防本病。

预防用量为每 100 kg 饲料中加 12～24 g 硫酸锰或用 1∶1 000 高锰酸钾液作饮水，猪日粮中含锰 20～25 mg/kg 便可预防本病。

任务 20　猪碘缺乏症

碘缺乏症是由于碘不足引起的一种以甲状腺机能减退和甲状腺肿大为病理特征的慢性营养缺乏症，又称为甲状腺肿。在缺碘地区，猪甲状腺肿的发病率达 39%。

【病因】

主要与母猪饲料及饮水中含碘量不足有关。

【症状】

新生仔猪无毛，头、颈、肩部皮肤增厚，水肿，体弱乏力。仔猪常于出生后几小时内死亡。而存活仔猪，嗜睡，生长发育不良，四肢无力，行走躯体摇摆。

【病理变化】

尸体剖检，甲状腺肿大 10～20 倍。

【预防】

结晶碘 1.0 g，碘化钾 20 g，溶入 250 mL 水，溶解后加水 25 kg，喷洒于 1 周所用饲料中，每头按 20 mL 计算。

【治疗】

母猪可在日粮中加喂碘化钾，每周 0.2 g，仔猪每天随母乳给予碘酊 1～2 滴内服。

任务 21　猪锌缺乏症

锌缺乏症是由于饲料中锌含量绝对和相对不足所引起的一种慢性、无热和非炎症性疾病。临床上以生长发育缓慢、皮肤角化不全、繁殖机能障碍及骨骼发育异常为特征，又称猪皮肤角化不全。

【病因】

1. 原发性锌缺乏(绝对性锌缺乏)

主要由于饲料中锌含量不足引起，但缺锌地区含锌量低于 10 mg/kg，极易引起猪发病。

2. 继发性缺锌(相对性缺锌)

主要因为存在干扰锌吸收利用的因素所致。当机体患有慢性消耗性疾病，特别是慢性胃肠疾患时，可妨碍锌的吸收，而引起锌缺乏。

【症状】

病初便秘，后呕吐腹泻，食欲减退，生长缓慢，腹部、背部、股内侧和四肢关节等部位皮肤出现界限分明的红斑，继而发展为直径 3～5 mm 的丘疹，很快表皮变厚至 5～7 mm，有数厘米深的裂隙，增厚的表皮上覆盖以容易剥离的鳞屑。这一病理过程通常 2～3 周。严重缺锌病例，母猪出现假发情，屡配不孕，产仔数减少，出现弱胎和死胎。公猪影响睾丸发育及第二性征的出现，精子缺乏。外伤的猪，伤口愈合缓慢，而补锌后则加速愈合。

【预防】

保证日粮中含有足够的锌，消除影响锌吸收利用的各种因素是预防本病发生的关键。例如，可适当限制钙的水平，使钙、锌比例维持在 100∶1。

【治疗】

对于发病猪要补锌。

1. 碳酸锌

肌注 2～4 mg/kg 体重，每天 1 次，10 d 为 1 个疗程。

2. 硫酸锌

0.2～0.5 g/头，1 次/d，内服，10 d 为 1 个疗程。日粮中加 0.02%的硫酸锌、碳酸锌、氧化锌对本病兼有治疗和预防作用，但一定注意含量不超过 0.1%，否则会引起锌中毒。

【案例分析】

案例 1 某猪场仔猪 40 日龄，近期仔猪食欲降低，精神沉郁，生长缓慢，消瘦，有异嗜现象，前肢屈曲呈跪地姿势，腿发抖，不能迈步，重则可见硬腭肿胀而致口腔不能闭合。体温正常。

1. 诊断　仔猪佝偻病。

2. 治疗措施　供给富含维生素 D 的饲料，如在夏季增喂青绿饲料，冬季则提供优质干草和矿物性饲料。在饲料中添加维生素 D_3，增加户外活动和晒太阳时间等。调整饲料中钙、磷比例，保持在(1～2)∶1。

3. 处方用药

【处方 1】

鱼肝油 10～30 mL。

用法：一次内服。

【处方 2】

维生素 AD 注射液 0.5～1 mL。

用法：一次肌肉注射。

【处方 3】

浓鱼肝油 0.4～0.6 mL/100 kg 体重。

用法:一次内服。

【处方 4】

维生素 D_2 胶性钙注射液 0.5 万～2 万 IU。

用法:一次肌肉或皮下注射。

【处方 5】

维生素 D_3 注射液 0.15～0.3 万 IU/kg 体重。

用法:肌肉注射。

【处方 6】

鱼粉 10～30 g/d。

用法:混料。

案例 2 某种猪场,20 日龄网上饲养的仔猪,相继出现精神沉郁,机体衰弱,被毛粗乱,生长迟缓,可视黏膜苍白,心跳增快。驱赶时出现呼吸急促。消化机能降低,采食量减少,交替性腹泻与便秘。

1. 诊断　仔猪缺铁性贫血。

2. 治疗措施　去除病因,补充铁剂,加强母猪饲养管理,并尽早给仔猪补铁。

3. 处方用药

【处方 1】

右旋糖酐铁注射液 1～2 mL。

用法:一次深部肌肉注射。

说明:也可用葡聚糖酐铁,焦磷酸铁,牲血素,多血素等。

【处方 2】

硫酸亚铁 5 g,酵母粉(食母生)10 g。

用法:混匀后,分成 10 包,每天 1 包,拌料内服。

【处方 3】

(1)0.25%硫酸亚铁溶液适量。

用法:饮服。

(2)维生素 B_{12} 注射液 2～4 mL。

用法:一次肌肉注射,每天 1 次,连用 3～5 d。

【处方 4】

硫酸亚铁 2.5 g,硫酸铜 1 g,氯化钴 2.5 g。

用法:加水 1 000 mL,纱布过滤,每只猪每次用半匙,拌料或混在水中喂给。

【处方 5】

党参 10 g,白术 10 g,茯苓 10 g,神曲 10 g,熟地 10 g,厚朴 10 g,山楂 10 g。

用法:煎汤一次内服。

【知识拓展】

猪的微量元素营养需要与补充

微量元素具有许多生理功能，可激发酶和激素的活性，促进有机体生长发育，是动物体内不能合成不可替代的必需营养元素。猪从放牧改为圈养后，排除了从土壤和野草中摄取微量元素营养的机会，微量元素缺乏的可能性日益增加，只有从饲料和饮水中吸取微量元素。在猪饲料中适量补充微量元素，可促进新陈代谢，增强抗逆力，提高日增重，改善肉品质，增加经济效益。随着我国养殖业和饲料工业的高速发展，微量元素的应用日益广泛。现将猪的几种主要微量元素营养需要与补充综述如下。

1. Fe

铁是动物造血和防止营养性贫血的一种必要元素，仔猪饲料中含铁量标准 80 mg/kg 较适宜。我国南方红土带天然饲料中含有足够的铁，特别是在放牧条件下，可满足仔猪对铁的需要。给妊娠和哺乳母猪补喂铁，不能提高胎中铁的贮备和母乳含铁量，因此，给仔猪补喂铁是十分必要的。哺乳仔猪每头每日需铁量为 7 mg，母乳中仅能提供 1～1.5 mg，因而 3～5 日龄仔猪就开始出现贫血，血液中血红素水平由每 100 mL 中 10 g 下降至 3 周龄时的 5 g，如不及时补喂铁，可导致死亡。初生仔猪肝脏含铁量 1 000 mg/kg，80％用于合成血红素，15 日龄时降为 60～100 mg/kg，3～4 周龄时方能从饲料中吸收足够的铁。在水泥地及砖石地面的圈栏中饲养，更应注意预防仔猪缺铁贫血。仔猪贫血表现食欲不振，皮肤和黏膜苍白，头、肩部略现肿胀，精神萎靡，生长停滞，皮毛不良，易感染疾病，急喘，死亡率高。圈栏饲养的仔猪，最简便的补铁方法是挖出深层红土撒放栏的一角，让其自然舔食，或在出生 2～3 d 后，注射葡萄糖酐铁针剂，或用 0.25％硫酸亚铁溶液涂抹母猪奶头，每天涂 1～2 次，每头每天 1 mL。高位渣状泥炭含铁、铜 500～1 800 mg/kg，还含有丰富的锰、锌等元素，可作为生物活性添加剂，改善日粮的营养价值。在日粮含水 50％的情况下，泥炭添加量为：2～4 月龄幼猪加 0.2～0.3 kg，4～6 月龄幼猪加 0.3～0.4 kg，肥育猪加 0.3～0.8 kg，母猪加 0.6～1 kg，可节省精料，降低成本，提高效益。例如：有一个常年有繁殖母猪 3 200～3 500 头的大型猪场，从母猪怀孕到仔猪 26 日龄断奶，每头母猪每日喂泥炭 250～500 g，一年节省饲料 210～220 t。铁过量也有害，成年猪饲料中含铁量达到 5 000 mg/kg 时，产生中毒，行走失调，呼吸困难；仔猪铁剂量达 400 mg/kg 时，造成死亡。

2. Cu

铜是酶系统的一种重要成分，也是造血和防止营养性贫血所必需的元素。幼猪饲料中含铜量标准为 6 mg/kg 即够用。天然饲料中通常含有足够的铜，能满足猪生长发育的需要。猪严重缺铜时，生长缓慢，皮毛不良，跛行，骨组织松软，四肢关节不挺，前肢弯曲，生长猪比成年猪表现严重。以含铜量 250 mg/kg 的高铜喂猪，增重提高 5％～10.5％，饲料效率提高 3.6％～8.1％。高铜饲料促进生长，提高饲料利用率和营养物质消化率，增加蛋白质含量，提高抵抗力。当猪饲料含量达到 300～500 mg/kg 时，会引起中毒，食欲下降，生长缓慢，血红蛋白减少，黄疸，死亡。提高日粮中铁、锌的喂量、可减轻和防止铜中毒。

3. Se

硒是动物必需的矿物质营养元素，硒的代谢与维生素 E 有关，只有在硒的作用下，维生素E才能参与机体活动。猪缺硒时出现皮下水肿，体内积累黄液，肝细胞坏死，肌肉萎缩，引起痢疾、乳腺炎、不育症等，幼猪死亡率高。猪饲料含硒量以0.1～0.15 mg/kg为适宜，判断缺硒的标准是：毛硒0.13 mg/kg以下为缺硒区，毛硒0.13 mg/kg以上为非缺硒区。母猪以低硒(0.02 mg/kg)的玉米、豆饼作基础饲粮，仔猪发病率85.7%，死亡率57.1%，补加0.2 mg/kg的硒，无一发病。补充硒的方法，在母猪配种前皮下注射亚硒酸钠(2.5 mg硒)，分娩率由29.3%提高到65%。母猪低硒自然日粮中补硒0.1 mg/kg，每窝产仔数由8头升到11头。在严重缺硒地区，猪日粮中补硒0.15 mg/kg，提高日增重16.85%。实践证明，硒可增强免疫力，产生抗体反应，适量补硒，可防止仔猪下痢，注射亚硒酸钠可治疗仔猪水肿病。饲料中含硒中毒剂量为：幼猪为5～7 mg/kg，成年母猪为10 mg/kg。

4. Zn

锌是动物各种组织生长发育的必需元素。猪饲料中含锌量适宜标准是：母猪为9～65 mg/kg，哺乳仔猪为50 mg/kg，生长猪为20 mg/kg。猪严重缺锌时，生长缓慢，采食减少，皮毛不良，跛行僵硬，骨组织松软，腹泻，严重皮炎，不全角化，四肢粗短，皮粗结痂，易感染病菌。种猪饲料中添加锌，对繁殖后代很重要，可提高母猪受胎率，缩短产仔间隔。种公猪饲料中锌添加量为120 mg/kg，断奶猪和育成猪为80 mg/kg，母猪为100 mg/kg，育肥猪为80 mg/kg。据试验，哺乳仔猪饲料中添加锌75 mg/kg，日增重提高10.87%，饲料消耗降低5.04%，提高经济效益11.8%～25.9%。猪饲料中含锌量达到2 000 mg/kg时，会引起中毒。过量锌会影响铁、铜的吸收，造成贫血，生长缓慢。碳酸锌比氧化锌容易中毒。

5. Mn

锰是骨组织的重要成分，骨组织含锰量与体内锰总量的25%。猪饲料中含锰量标准为50 mg/kg。猪严重缺锰时，骨组织松软、畸形，繁殖障碍，初生仔猪软弱，易死亡。高位泥炭渣含锰量11～30 mg/kg，可用作猪饲料中生物活性添加剂，补锰效果好，又能节省精料。当猪饲料中含锰量达到400 mg/kg时，会引起中毒，采食减少，生长缓慢，僵直，行走失调。

6. I

碘主要存在于甲状腺中，参与甲状腺素的合成，促进垂体和生殖腺的正常机能，作用于所存的物质代谢过程。猪饲料中含碘量标准是0.2 mg/kg。当猪严重缺碘时，会引起甲状腺肿胀，生活力下降，生长缓慢，影响代谢功能。缺碘母猪所产仔猪呈现原发性缺碘症，全身无毛，嘶叫，瘫软，体温下降，逐渐死亡。当母猪日粮中含菜籽饼30%时，引起继发性缺碘症，采食减少，代谢下降，胚胎死亡。母猪从妊娠75 d起，在饲料中加碘化钾0.3 g，隔15 d一次，共给药3次，可防止缺碘症发生。饲喂含碘0.007%的碘盐，也可预防缺碘病。当猪饲料中含碘量达到500～800 mg/kg时，会引起中毒。碘与铁有互作关系，补喂铁可减轻碘中毒。

猪异嗜癖的综合防治

在生猪饲养过程中，养殖户经常遇到异嗜癖，特别是在光照时间不足、气温低的冬春季节该病高发。猪异嗜癖造成生猪厌食、生长发育不良，给养殖户造成不必要的经济损失。

1. 病因

饲养管理不当、环境因素、疾病、营养等诸多因素均可引起。饲养密度过大、同一圈舍猪只大小、强弱悬殊、争夺位次是异嗜癖的诱因。舍内温度过高或过低，通风不良及有害气体蓄积，猪舍光照过强，猪处于兴奋状态而焦躁不安，猪受到惊吓、天气的异常变化等均会引起猪只不适，引发啃咬等异嗜。当猪只患有虱子、疥癣等体外寄生虫时，可引起猪体皮肤刺激而烦躁不安，患处摩擦出血后，对其他猪只产生吸引，发生咬尾。猪体内寄生虫病，特别是猪蛔虫，刺激患猪攻击其他猪。猪只饲料中的各种微量营养成分不平衡，如日粮中钾、钠、镁、铁、磷、钙、维生素的缺乏或者不平衡也会引起异嗜癖。

2. 临床症状

猪异嗜癖多以消化不良开始，随后出现味觉异常和异食。临床常见咬尾、咬耳、舔食墙壁、泥土、食尿、拱地、啃木棍，有闹圈、跳栏等现象。母猪有食胎衣、仔猪等情况。患病猪生长受阻，皮毛粗乱，严重时与同群猪互相啃咬尾巴或耳朵，相互咬斗是异嗜癖中较为恶性的一种，咬尾最常见。被咬猪尾部脱毛出血，猪群进而对血液产生异嗜癖，危害逐步扩大。被咬猪常出现尾部皮肤和皮毛脱落，影响增重，严重时可继发感染骨髓炎和脓肿，若不及时处理可并发败血症等，从而导致死亡。

3. 防治措施

（1）加强饲养管理　猪异嗜癖应防治结合，预防为主，对症治疗。在饲养过程中，应加强管理，合理布控栏舍，保持圈舍清洁，控制适宜的通风和光照，尽量避免驱赶和换料等人为应激。饲养密度适宜，同一圈舍猪只个体差异不宜太大，应尽量接近。饲养密度不宜过大，猪的饲养密度一般应根据圈舍大小而定，原则是以不拥挤，不影响生长和能正常采食饮水为宜。冬季密度大些，夏季稀些，一般饲养面积以肥育猪 0.8～1 m^2/头、中猪 0.6～0.7 m^2/头、仔猪 0.3～0.5 m^2/头为宜。饲料配合力求营养均衡，满足其营养需要。饲喂应定时、定量，饮水清洁，饲槽和水槽设施充足，避免抢食争斗及饮食不均。另外，可在猪圈中投放玩具，如编织袋、链条、皮球、旧轮胎以及青绿饲料等，分散猪只的注意力。对仔猪断尾是控制咬尾的有效措施。断尾时间最好在 3 日龄左右。对有异嗜癖的猪只，应及时挑出单独饲养。咬尾症的发生常因个别好斗的猪引起，如在圈中发现有咬尾恶癖的猪，应及时挑出单独饲养。可在猪尾上涂焦油，或用 50 度以上白酒喷雾猪体全身和鼻端部位，3～5 次/d，一般 2 d 可控制咬尾症。同时，隔离被咬的猪，对被咬伤的猪应及时用高锰酸钾液清洗伤口，并涂上碘酊以防止伤口感染，严重的可用抗生素治疗。

（2）对症治疗　猪异嗜癖的治疗应在查明病因的基础上，有的放矢地改善饲养管理，酌情改变饲料结构，补充维生素、微量元素，保证适当的钙磷比例，定期驱虫。对有啃墙、啃圈习惯的猪，可喂红土或烧砖用的页岩粉末，以补充铁、锰、锌、镁等多种微量元素，或在饲料中添加兽用多维，用量视产品规格和病情程度而定。对爱啃砖头、吃煤渣、饮尿的猪，在饲料中添加 0.5%～0.8%的食盐，但添加量不宜超过 1%，以防食盐中毒。发现病猪应立即隔离，防止其他猪只模仿。对被咬伤的猪应及时用高锰酸钾液清洗伤口并涂上碘酊，以防止伤口感染，严重的辅以抗生素治疗。对吃胎衣和胎儿的母猪，除加强护理外，还可在饲料中添加调味消食剂，如食盐、大蒜、白糖、碎陈皮以及市面出售的一些调味剂等来改善猪的异嗜癖；也可用土方，以河虾或小鱼 100～300 g 煮汤饮服，1 次/d，连服数天。对患慢性胃肠疾病的猪，治疗主要以抑菌消炎、清除肠内有害物质为原则，并结合补液、强心措施。对于患寄生虫病的猪，应及时用左旋咪唑或敌百虫等驱虫。

二维码 2-3　锌在猪生产中的应用研究

二维码 2-4　猪咬尾病

【考核评价】

仔猪缺铁性贫血的预防

(一)考核题目

某农户饲养母猪 15 头，育肥仔猪 238 余头。2 月初 1 头母猪产仔猪 11 头，出生时健康。当仔猪 12 日龄时，个别仔猪出现精神不振，腹泻等情况。户主曾使用过氧氟沙星等药物治疗，但效果不明显。至 17 日龄时整群仔猪发病，并有 3 头仔猪死亡。据调查，该母猪体格健壮，营养状况良好，泌乳充足，饲养环境良好，并定期进行常规消毒。其他同时产仔的母猪及育肥猪均无发病现象。

临床症状：病猪精神沉郁，不愿走动，食欲减退或废绝，体温正常，营养不良，生长缓慢，体质衰弱，被毛粗乱无光泽，皮肤冰冷，下痢，粪便稀薄。黏膜苍白，光照耳壳呈灰白色，几乎见不到明显的血管，针刺也很少出血。呼吸加快，脉搏急速，轻微运动则喘息不止。其中有 2 头病猪发生腹泻或与便秘交替出现的症状，1 头仔猪头和体前躯发生水肿现象。采取病猪血液作常规检查，发现血液稀薄黏稠度降低，凝固性差，红细胞严重减少，降至 200 万～300 万/mm^3，血红蛋白也降至 50 mg/mL 以下。确诊为仔猪缺铁性贫血。请你为该农户制定出预防仔猪缺铁性贫血的措施。

(二)考核标准

北方寒冷地区，要尽量避免隆冬季节产仔。冬春饲舍所产仔猪，应有户外活动时间，最好尽早随同母猪放牧。要及时粒饲，添置土壤，最好用红黏土(富含氧化铁)或使之自由掘食土壤。据报道，仔猪在 1 月龄之前，每天啃食湿黏土 20～25 g，即可获取其所需之铁质。

水泥地面舍饲的仔猪，生后 3～5 d 即应开始补铁。方法是硫酸亚铁 2.5 g，硫酸铜 1 g，常水 1 L，混合后用纱布过滤，涂在母猪乳头上，或混于饮水中或渗入代乳料中，让仔猪自饮、自食。或生后 3 d 一次肌肉注射葡聚糖酐铁 100 mg，预防效果更加确实。

妊娠母猪分娩前 2 d 至产后 28 d 内，每天补饲硫酸亚铁 20 g，初乳和乳汁铁含量以及初生仔猪体内储存铁并不增加，但仔猪可通过采食母猪的富铁粪便而获取铁质，这种预防法既简单又经济。再者，苏氨酸铁等氨基酸螯合铁，如水解大豆蛋白螯合铁即肽铁可通过母猪的胎盘和乳房屏障，增加胎猪体内的铁储备和乳汁中的铁含量，防止仔猪缺铁和贫血的发生。方法是妊娠母猪从分娩前 4 周至分娩后 4 周，每天用水解大豆蛋白螯合铁 6～12 g(含铁 600～1 200 mg)，早晚各一次分服。

猪维生素缺乏症的鉴别诊断

(一)考核题目

猪维生素缺乏症是规模化养猪场常见的营养缺乏病，请你列表制定出猪维生素A缺乏症、维生素B缺乏症、维生素E缺乏症、维生素D缺乏症的鉴别诊断要点。

(二)考核标准

维生素缺乏症考核标准见表2-2。

表2-2　维生素缺乏症考核标准

类型	维生素A缺乏症	维生素B缺乏症	维生素E缺乏症	维生素D缺乏症
病因	1. 饲料中维生素A或胡萝卜素缺乏，猪吸收不足； 2. 饲草料中维生素A或胡萝卜素充足，但猪采食量降低或消化、吸收及代谢受到干扰，导致维生素A缺乏	1. 饲料缺乏维生素B； 2. 饲料久贮、霉变； 3. 闷热、应激、磺胺药应用等，使维生素B的消耗量过大； 4. 胃肠炎、消化障碍、吸收不良等，使维生素B吸收减少	1. 饲料维生素E缺乏； 2. 不饱和脂肪酸过多，与维生素E结合，使其含量下降； 3. 硒缺乏使维生素E受到破坏； 4. 慢性消化道、肝脏疾病，维生素E吸收、利用减少	1. 饲料维生素D含量不足； 2. 光照不足； 3. 饲料中钙、磷比例不当，猪对维生素D需求量增加； 4. 蛋白质、脂肪缺乏，胃肠疾病使维生素D吸收减少
症状	1. 夜盲症； 2. 干眼症； 3. 神经症状； 4. 皮肤粗糙，脂溢性皮炎	维生素B_2缺乏：猪被毛粗乱，跛行，不孕，流产、早产	1. 精神不振，共济失调，步态不稳，盲目运动； 2. 公畜睾丸萎缩、变性，繁殖力下降，母畜不孕	幼年佝偻病；肋骨与肋软骨处肿胀，呈串珠状排列，脊柱弯曲，四肢骨呈“X”形或“O”形，跛行
病变	1. 皮肤异常角化； 2. 泪腺、唾液腺、食道、呼吸道、泌尿生殖道黏膜发生鳞状上皮化生	1. 维生素B_1缺乏：胃肠炎，生殖器官萎缩； 2. 维生素B_2缺乏：坐骨、臂神经肿大，胚胎畸形； 3. 烟酸缺乏：肠中有豆腐渣样覆盖物，肝脂变	1. 小脑软化，脑膜水肿，小脑表面出血； 2. 脑回展平，并有红色或褐色混浊样的坏死区	1. 血清钙、磷含量降低或正常； 2. 碱性磷酸酶活性及骨钙素水平升高
诊断	1. 初生仔畜突然出现神经症状； 2. 夜盲； 3. 母畜出现流产、死胎、胎儿畸形	1. 烟酸缺乏：毛粗，皮屑增多、神经症状； 2. 维生素B_{12}缺乏：黏膜苍白，尿中甲基丙二酸浓度增高	1. 神经症状，运动障碍； 2. 脑软化； 3. 肌肉变性； 4. 渗出性素质	1. 日粮中维生素D含量和血清钙、磷水平下降； 2. 碱性磷酸酶活性升高； 3. X射线检查：骨质密度降低，长骨末端呈“羊毛状”； 4. 猪跛行、运动障碍，骨变形、软或脆

续表 2-2

类型	维生素 A 缺乏症	维生素 B 缺乏症	维生素 E 缺乏症	维生素 D 缺乏症
治疗	1. 维生素 A 注射液 440 IU/kg 体重，皮下注射； 2. 维生素 AD 合剂 2～5 mL，肌肉注射	1. 盐酸硫胺注射液，0.25～0.5 mg/kg，肌注； 2. 维生素 B_2 注射液，0.1～0.2 mg/kg，皮下或肌注； 3. 烟酸，口服，0.6～1.0 mg/kg； 4. 维生素 B_{12} 注射液，0.3～0.4 mg，仔猪 20～30 μg，肌注	1. 维生素 E 10～20 IU/kg 体重，肌注或内服，每天 1 次； 2. 0.1%亚硒酸钠 0.05～0.1 mL/kg 体重，皮下或肌注，每天 1 次	1. 鱼肝油，10～30 mL，内服； 2. 维生素 D_2 胶性钙注射液，0.5 万～2 万 IU，肌注、皮下注射； 3. 维生素 D_3 注射液，0.15 万～0.3 万 IU/kg 体重，肌注
预防	1. 日粮中添加维生素 A，猪妊娠、泌乳、催肥时的需求量是平常需求量的 1 倍； 2. 平常需求量为 12～24 μg/kg	1. 饲料中添加青绿饲料、酵母、麸皮、米糠； 2. 每吨饲料中添加维生素 B_1 100～300 mg，维生素 B_2 1.5～3 g，维生素 B_{12} 2～5 mg，烟酸 10 g，叶酸 4 mg，可预防本病	1. 添加维生素 E，或其含量较高的大麦芽、绿豆芽等。夏季给新鲜青绿饲料，冬季青草粉、微量元素硒。 2. 除去日粮中品质不好的脂肪及发霉、变质的鱼粉、饼粕	1. 饲料中钙、磷比例保持在(1～2):1； 2. 供给富含维生素 D 的饲料，夏季增喂青绿饲料、冬季优质干草和矿物性饲料； 3. 添加维生素 D_3，增加户外活动和晒太阳时间

二维码 2—5　猪营养代谢性疾病复习与思考题

【知识链接】

1. DB35/T 1374—2013，猪用氨基酸平衡型低蛋白配合饲料.
2. DB43/T 892—2014，仔猪绿色饲料生产准则.
3. DB61/T 557.4—2012，富硒肉猪生产技术规程.
4. GB/T 32149—2015，规模猪场清洁生产技术规范.

Project 3

猪中毒性疾病

学习目标

掌握猪饲料中毒、农药中毒、灭鼠药中毒、微量元素中毒、化学物质中毒、药物中毒等常见中毒病的病因、症状、诊断、治疗和预防措施，从而为从事猪中毒性疾病的诊疗工作打下基础。

【学习内容】

任务 22　亚硝酸盐中毒

猪亚硝酸盐中毒又称为饱食瘟、饱潲病，是由于青绿饲料贮存、加工或调制不当，使其中的硝酸盐转化为亚硝酸盐，猪吃了这类饲料后，造成高铁血红蛋白血症，导致组织缺氧而引起中毒。临床上主要特征为发病突然，黏膜发绀，血液成褐色，呼吸困难，神经紊乱，病程短。本病常发生于农村散养的猪，规模化猪场少见。

【病因】

本病主要是饲料中的硝酸盐，在硝酸盐还原菌的作用下生成亚硝酸盐所致。因此，亚硝酸盐的产生，主要取决于饲料中硝酸盐的含量和硝酸盐还原菌的活力。

甜菜、萝卜、马铃薯等块茎类；白菜、油菜等菜、叶类等都富含硝酸盐，尤其是施氮肥充足时，含量更高。硝酸盐还原菌广泛分布于自然界，在环境湿度和温度适宜时（20～40℃）将大量生长繁殖。当白菜、油菜、甜菜、野菜等青绿饲料或块根饲料，经日晒雨淋或堆垛存放而腐烂发热时，或用温水浸泡、文火焖煮或靠灶坑余烬、锅釜残热而持久加盖保温时，其温度和湿度正好满足其生长要求，硝酸盐还原菌异常活跃，产生大量的亚硝酸盐，以致中毒。

【发病机理】

亚硝酸盐是强氧化剂毒物，当猪吃了富含亚硝酸盐的饲料，很快吸收进入血液，使血红蛋白中的二价铁（Fe^{2+}）被氧化为三价铁（Fe^{3+}），从而使正常的低铁血红蛋白变为高铁血红蛋白，失去携氧能力，血液呈现棕褐色，发展为贫血、缺氧及正铁血红蛋白症。由于三价铁同羧基结合牢固，流经肺泡时不易与氧结合，流经组织时不易与氧分离，丧失了血红蛋白正常携氧功能，故称为变性血红蛋白。如果正铁血红蛋白的含量在20%以下时，通过机体的多种还原机制而自行解毒，使高铁血红蛋白形成和还原的速度相等，外观不出现毒性反应。若形成量继续增加，机体将因缺氧而引起窒息和发绀，形成量达 60%～70%时，出现死亡。

【症状】

发病急、快的病例于采食后 10～15 min，一般为 1～3 h 发病，采食量最多的猪发病最快，最严重。典型症状表现为呼吸困难，呼吸次数增加，脉搏变快而弱，流涎，瞳孔放大，多尿，四肢无力，行走摇摆，皮肤、吻突及耳根发绀，体温正常或下降。由于刺激胃肠而引起胃肠炎症状，表现为流涎、腹泻、呕吐等。临死前，抽搐，角弓反张，倒地死亡。急性病例可在采食后 30 min 至 2 h 死亡，有时不表现典型症状即死亡。

【病理变化】

病猪尸体腹部饱满，口鼻呈青紫色，口黏膜呈弥漫性红紫色，可视黏膜呈棕褐色或蓝紫色，眼结膜呈紫红色水肿样，鼻腔内有白色泡沫或淡红色泡沫状鼻液。剖检可见全身血液凝固不良，呈紫褐色如酱油状，暴露空气中经久不变。全身血管扩张充血。新鲜尸体刚打开胃腔时可能闻到硝酸样气味。肺膨大，气管和支气管黏膜充血、出血，管腔内呈白色或带红色、瘀血。肝、肾呈暗红色、瘀血。胃肠道黏膜不同程度的充血、出血，黏膜易脱离，肠淋巴小结肿胀。心外膜、心肌有点状出血，左右侧心房与心室充满暗紫色或酱油色血液。特征性病理变化是，血液和组织均呈现深棕色（巧克力色），黏膜呈紫色。浆膜可见出血点和（或）出血斑。

【诊断】

根据发病的突然性、群体性、饲料贮存调制不当，以及黏膜发绀、血液呈酱油色、呼吸高度困难、体温一般不变等主要临床症状，特别是病程短急，做出初步诊断，并立即进行抢救。通过特效解毒药美蓝的疗效，来验证诊断。为确诊是否为硝酸盐和亚硝酸盐中毒，现场可取少许猪血液，加入1%的氰化钾2～5滴，如迅速转变为鲜红色，表明为亚硝酸盐中毒。进一步确诊可采集可疑饲料、饮水、胃内容物、呕吐物等，进行硝酸盐和亚硝酸盐含量测定。

【治疗】

美蓝是治疗亚硝酸盐中毒的特效药，效果非常显著，剂量为每千克体重1～2 mg，通常用1%美蓝液，静脉注射。亦可用甲苯胺蓝，剂量为每千克体重5 mg，配成5%溶液，静脉注射，也可作肌肉注射或腹腔注射。另外，大剂量的抗坏血酸作为还原剂，亦可治疗亚硝酸盐中毒。

任务23 猪食盐中毒

猪食盐中毒主要是由于采食含过量食盐的饲料，尤其是在饮水不足的情况下而引起的中毒性疾病。其临床特征是突出的神经症状和一定的消化紊乱，主要病理变化为消化道炎症和脑组织水肿、变性乃至坏死，伴有脑膜和脑实质的嗜酸性粒细胞浸润，故又称嗜酸性粒细胞性脑膜脑炎。本病的发病率较高，多发于散养的猪，规模化猪场少发。猪食盐内服急性致死量约为每千克体重2.2 g。

【病因】

猪食盐中毒是由于采食含盐分较多的饲料或饮水，如泔水、腌菜水、饭店食堂的残羹、洗咸鱼水或酱渣等喂猪，配合饲料时误加过量的食盐或混合不均匀等而造成。全价饲养，特别是日粮中钙、镁等矿物质充足时，对过量食盐的敏感性大大降低，反之则敏感性显著增高。饮水是否充足，对食盐中毒的发生具有绝对的影响。预防食盐中毒的关键在于限制饮水。

【发病机理】

食盐在体内的毒性作用主要有两个方面。一是高渗氯化钠对胃肠道的局部刺激作用；二是钠离子在体内贮留所造成的离子平衡失调和组织细胞损害，特别是阳离子之间的比例失调和脑组织的损害。

当猪采食过多的食盐而饮水不足发生急性中毒时，首先高浓度的食盐对胃肠黏膜直接刺激，引发胃肠炎症，由于胃肠内容物中含大量的食盐，造成渗透压升高，使大量的液体向胃肠腔渗漏，导致机体脱水。食盐被吸收后，因机体失水，丘脑下部抗利尿激素分泌增加，排尿量减少，食盐不能经肾及时排除，而游离于循环血液之中，积滞于组织细胞之内，造成高钠血症和机体的钠贮留。正常情况下，血液中一价阳离子钠、钾可使神经应激性增高，二价阳离子镁、钙可使神经应激性降低，两者保持一定的比例，协调神经反射活动的正常进行。高钠血症则破坏了这种平衡，使一价阳离子的作用占优势，神经应激性增高，神经反射活动过强。

如果食入少量的食盐，但长期缺乏饮水（数日乃至数周），则发生慢性食盐中毒，胃肠内容物的渗透压只是略有升高，对胃肠黏膜的刺激不强烈，一般不会造成胃肠炎症，也不会使胃肠腔大量积液。这时主要的毒性作用是因机体长期处于水的负平衡状态，食盐排泄的速度非常缓慢，使钠离子逐渐地贮留于全身各组织器官，特别是脑组织内，继之发生脑水肿（常在突然解除限水而暴饮之后发作），致颅内压增高，脑组织氧供应不足，只有通过葡萄糖无氧酵解以获取能量。

【症状】

根据病程可分为急性型和慢性型两种。

1. 急性型

为一次食入大量食盐而发生。临床症状为肌肉震颤，阵发性惊厥，昏迷，倒地，2 d 内死亡。

2. 慢性型

当病猪吃的食盐较少，而饮水不足时，经过 1～5 d 发病，临床上较为常见。表现为食欲减退，口渴，流涎，头碰撞物体，步态不稳，转圈运动。大多数病例呈间歇性癫痫样神经症状，四肢作游泳动作。神经症状发作时，颈肌抽搐，不断咀嚼流涎，犬坐姿势，张口呼吸，皮肤、黏膜发绀，发作过程 1～5 min，发作间歇时，病猪可不呈现任何异常情况，1 d 内可反复发作数次。发作时，肌肉抽搐，体温升高，但一般不超过 39.5℃，间歇期体温正常。末期，后躯麻痹，卧地不起，常在昏迷中死亡。

二维码 3-1　猪四肢作游泳动作

二维码 3-2　间歇性疯痫样发作、角弓反张

【病理变化】

急性中毒主要表现神经症状和消化紊乱。

剖检可见胃肠黏膜充血、出血、水肿，呈卡他性和出血性炎症，并有小点溃疡，粪便液状或干燥，全身组织及器官水肿，体腔及心包积水，脑水肿显著，并可能有脑软化或早期坏死。镜检主要变化在中枢神经系统，大脑组织变化最典型，毛细血管内皮细胞肿胀，增生，核空泡变性，血管周围间隙因水肿而显著增宽，大脑灰质血管周围有大量嗜酸性粒细胞和淋巴细胞浸润，形成明显的嗜酸性粒细胞管套。

【诊断】

根据过食食盐和（或）饮水不足的病史，暴饮后癫痫样发作等突出的神经症状及脑组织典型的病变做出初步诊断，必要时可测定血清钠含量和嗜酸性粒细胞计数。猪慢性食盐中毒的严重期，血清钠显著增高，可达 180～190 mmoL/L（正常值：135～145 mmoL/L），且血液中嗜酸性粒细胞数显著减少。如要确诊，可采取饮水、饲料、胃肠内容物以及肝、脑等组织作氯化钠含量测定。肝和脑中的钠含量超过 1.50 mg/g，或氯化钠含量分别超过 2.50 mg/g 和 1.80 mg/g，即可认为是食盐中毒。

【防治】

1. 治疗

无特效解毒药。应立即停止饲喂原有饲料，逐渐补充饮水，要少量多次给予，不要一次性暴饮，以免造成组织进一步水肿，病情加剧。可以采取辅助治疗，其原则是促进食盐的排除，恢复阳离子平衡和对症治疗。

为恢复血中一价和二价阳离子平衡，可静脉注射 5％葡萄糖酸钙注射液或 10％氯化钙注

射液；为缓解脑水肿，降低颅内压，可快速静脉注射25%山梨醇液或高渗葡萄糖液；为促进毒物排除，可用利尿剂和油类泻剂；为缓解兴奋和痉挛症状，可用硫酸镁、溴化物等镇静解痉药。

2. 预防

配合饲料时，食盐要严格按量供给，充分搅拌均匀。用泔水、饭店食堂下脚料作饲料时，应严格控制饲喂量，并同其他饲料搭配饲喂，平时保证充足饮水。

任务24　霉菌毒素中毒

霉菌在自然界分布极广，田间的谷物和仓库贮存的粮食极易受到污染。饲料污染霉菌后，不仅影响饲料的适口性，营养价值降低，还会产生多种毒素。现在已知的霉菌毒素约200种，其中不少对人、畜健康构成威胁。最常见的有黄曲霉毒素、T-2毒素、玉米赤霉烯酮毒素等。我国气温高，湿度大地区，霉菌容易繁殖，饲料常被霉菌污染，造成猪中毒，因此本病也是常见病。

一、黄曲霉毒素中毒

黄曲霉毒素中毒指由于采食被黄曲霉等所产生的黄曲霉毒素污染的饲料而引起的一种危害极大的中毒病。主要破坏肝脏、血管和中枢神经，病猪表现全身出血、消化障碍和神经症状等。本病在世界许多国家都有发生。各种猪均可发生，人也可发病，是一种严重的人畜共患病。

【病因及发病机理】

本病主要是由黄曲霉和寄生曲霉所产生的黄曲霉毒素而引起的。在自然界分布范围很广，可污染粮食、饲草、饲料及农副产品。尤其花生、玉米、黄豆、棉籽等农作物及其副产品易感染黄曲霉，含霉菌毒素较多。黄曲霉最适宜的繁殖温度和相对湿度分别为24～30℃和80%以上。猪采食被黄曲霉毒素污染的饲料而发病。

目前已发现的黄曲霉毒素及其衍生物有20多种，它们是一类化学结构十分相似的衍生物，都有一双呋喃环和一个氧杂萘邻酮结构，后者可能与毒素的致癌有关，前者又可增强致癌性。根据在紫外线下发生荧光的颜色及 R_f 值大小，可将黄曲霉毒素分为 B_1 和 B_2、G_1 和 G_2、M_1 和 M_2 等。其中 B_1 含量最多，毒性最大，且具有致癌作用，M_1 和 G_1 次之，B_2、G_2 和 M_2 较弱。黄曲霉毒素尤其 B_1 很稳定，高温(200℃)、紫外线照射等都不会被破坏。

目前已知黄曲霉毒素是一种肝脏毒素，不仅可抑制肝细胞RNA、DNA、蛋白质的合成，还引起亚细胞结构的变化，而引起肝损害和肝癌。但有关黄曲霉毒素的代谢过程及其中毒机理还有待进一步研究。

【症状】

临床上可分为急性型、亚急性型和慢性型三种类型，其中亚急性型较常见。急性中毒多于食入毒素污染饲料1～2周发病，可在运动中发生死亡，或发病后2 d内死亡。病猪体温正常，精神沉郁，不吃，后躯无力，走路摇摆，粪便干燥，直肠出血，有时站立一隅或头抵墙下。以后出现间歇性抽搐，表现过度兴奋，角弓反张，消瘦，可视黏膜黄染，皮肤发白或发黄。

慢性病例，表现精神委顿，走路僵硬。出现异嗜癖，喜吃稀食和青绿饲料，甚至啃食泥

二维码 3-3 病猪头低垂、拱背、卷腹

土、瓦砾，常离群独处，头低垂、拱背、卷腹，粪便干燥。有时亦呈现兴奋不安，冲撞，狂躁。体温正常，黏膜黄染，有的病猪眼、鼻周围皮肤发红，以后变蓝色。

血液检查，红细胞数显著减少，白细胞数增多，低蛋白血症，凝血时间延长。急性病例，谷-草转氨酶、谷氨酸转移酶和凝血酶原活性升高。亚急性和慢性病例，碱性磷酸酶和异柠檬酸脱氢酶活性升高，黄疸指数升高。

【病理变化】

急性病例，主要是充血和出血，胸腹腔大出血，常积有液体。全身多处肌肉出血，常见大腿前和肩胛下区的皮下肌肉。胃肠黏膜可见出血斑点，肠内混血呈煤焦油状。肾脏有出血斑点。结肠系膜常水肿呈透明胶冻状。全身淋巴结呈出血性病变。肝肿大，呈黄褐色，脆弱，表面有出血点。胆囊扩张。心内、外膜常有出血点。

慢性病例主要是肝硬变、黄色脂肪变性及胸腹腔积液，有时结肠浆膜呈胶样浸润。肾脏苍白、肿胀，淋巴结充血、水肿。

组织学变化，急性病例呈急性中毒性肝炎，从脂肪变性到肝小叶伴有胆管增生，肝细胞内往往见到透明样颗粒变性，结缔组织增生。肝小叶中外周肝细胞往往呈现再生及肥大。肾变性、萎缩，肾小管扩张。

【诊断】

若发现可疑症状，必须调查了解病史，并对现场饲料样品进行检查，发现霉败饲料，才能做出初步诊断，确诊必须参考病理组织学形态变化及黄曲霉菌毒素测定的结果，还可进行霉菌病原的分离培养鉴定。

【防治】

1. 治疗

发现本病后应立即停止饲喂发霉变质的饲料，用新鲜、含维生素丰富的饲料。本病无特效解毒疗法。采取排除毒物，解毒保肝，止血，强心等措施。应用维生素 C、葡萄糖、抗生素、维生素 B、硫酸钠等药物。禁用磺胺类药物。

2. 预防

我国饲料卫生标准规定，黄曲霉毒素 B_1 在玉米和花生饼粕中的含量不得大于 0.05 mg/kg。在配合饲料时要严格控制饲料原料的质量，坚决不用发霉的饲料作为原料，对可疑霉变饲料应进行黄曲霉毒素 B_1 含量测定。严格执行饲料中黄曲霉毒素含量标准。我国饲料卫生标准规定，生长育肥猪配合饲料中黄曲霉毒案 B_1 的含量不得大于 0.02 mg/kg。在生产配合饲料时要加防霉剂，防止饲料霉变。

二、T-2 毒素中毒

T-2 毒素中毒是因猪采食了赤霉病的小麦或玉米而引起霉菌毒素中毒。其主要特征是肠道炎症和出血性素质，表现为拒食、呕吐和腹泻等。镰刀菌属是自然界分布极广的霉菌之一，田间的谷物和仓库贮存的粮食常被污染，猪敏感性很高。

【病因及发病机理】

本病的发生主要是因为猪采食了含 T-2 毒素的霉玉米或小麦所致。T-2 毒素是单端孢霉烯化合物中主要毒素之一，又称单端孢霉毒素，是本病病原性毒素，其主要来源于发霉的或赤霉病的小麦或玉米，但其他霉变的贮粮也可能是毒素的来源。T-2 毒素是由三线镰刀菌、拟枝孢镰刀菌、梨孢镰刀菌等产生的。这种仓库真菌虽然到处可见，但只有在玉米成熟或含水量高，并贮存在温度易发生变化的谷仓内，如寒冷和冻融交替时促进该菌大量繁殖，才合成致死性毒素，造成采食后的猪中毒。

T-2 毒素，分子式为 $C_{24}H_{34}O_9$，是造血组织毒素之一，也是皮肤和黏膜的直接刺激剂，可溶于有机溶剂及脂肪，并能穿透皮肤，具有耐热性，并可在饲料中无限期地存在。猪及大鼠的内服半数致死量 LD_{50} 约为 4 mg/kg。

T-2 毒素中毒机理尚不十分清楚。已知 T-2 毒素有较强的细胞毒性，使分裂旺盛的骨髓细胞、胸腺细胞及肠上皮细胞核崩解，对骨髓造血功能有较强的抑制作用，并导致骨髓造血组织坏死，引起血细胞，特别是白细胞减少。T-2 毒素还能引起凝血功能障碍，使凝血时间延长。对皮肤和黏膜有强烈刺激作用，引起局部皮肤炎症甚至坏死，使猪出现呕吐和腹泻。

【症状】

病猪过量采食含毒素的饲料半小时就开始呕吐，精神沉郁，体温升高，拒食，腹泻，胃肠机能障碍，严重的还可见口腔黏膜坏死。生长发育停滞，消瘦及后期广泛性出血，凝血时间延长，出现再生障碍性贫血。种猪还表现繁殖障碍。

【病理变化】

口腔、食管、胃、十二指肠、空肠等消化道黏膜可见炎症、出血、坏死等主要病变。肝脏、肾脏、心肌等实质器官出血、变性和坏死。

组织学变化可见，淋巴结、胸腺、骨髓等组织细胞呈严重的退行性变化，与放射病损伤，如慢性病例的粒细胞减少症、血小板减少症等再生障碍性贫血相近似。

【诊断】

根据临床症状，病猪呕吐，腹泻，胃肠机能障碍以及消化道黏膜炎症、出血、坏死等病理变化和采食发霉的饲料等可做出初步诊断，确诊可用生物学方法检查毒素。可利用该毒素对皮肤和黏膜的刺激作用进行测试。取 10～20 g 的可疑饲料，分成 4～5 个滤纸包，在脂肪抽提器中抽提 5 h，留乙醚浓缩物备用。将浓缩物喂给鸽子，加少量水让其吞入，在服用后 30～60 min 内有呕吐，则说明该可疑饲料中含有 T-2 毒素，即可确诊。

【防治】

1. 治疗

本病无特效药，发现后应立即停换饲料，给维生素丰富的饲料。可采取对症治疗，如用抗生素防止并发症，用止血药防止出血。

2. 预防

不用发霉饲料喂猪，饲料要干燥，严防发霉。

三、玉米赤霉烯酮中毒

玉米赤霉烯酮中毒，又称 F-2 毒素中毒，是赤霉病谷物中镰刀菌产生的毒素而引起的霉菌毒素中毒病。本病主要危害生殖系统，表现为阴户红肿、乳房隆起和慕雄狂等发情表现。

本病广泛存在于世界各地，是盛产玉米等谷物国猪禽的常见病，尤其在梅雨季节多发。以猪、马、鸽最敏感，且临床上多见于猪。

【病因及发病机理】

本病主要是因采食了患赤霉病的麦类或玉米等谷物饲料所致。主要的病原菌是禾谷镰刀菌，产生的毒素为玉米赤霉烯酮，又称 F-2 毒素，具有雌激素样作用，其强度相当于 1/10 的雌激素，分子式为 $C_{18}H_{22}O_5$，不溶于水，可溶于某些有机溶剂如乙醇、乙醚、苯等。玉米赤霉烯酮主要作用于生殖器官，可促进子宫 DNA、RNA 和蛋白质的合成，使猪发生雌激素样亢进。

【症状】

中毒后病猪拒食和呕吐，急性病例外阴、阴道炎症状如阴户红肿，阴门外翻，阴道黏膜充血、水肿，分泌的黏液混有多量血液，乳腺增大等发情表现，严重的阴道和子宫外翻，甚至直肠和阴道脱出，哺乳母猪少乳或无乳。妊娠母猪早产，流产，产死胎、畸胎、木乃伊胎。亚急性中毒表现为母猪性周期延长，产仔减少，产体弱的仔猪，流产，死胎和不育，能够存活的公猪出现睾丸萎缩，乳腺增大等雌性化现象。公猪和去势公猪雌性化，乳腺增大，包皮水肿，睾丸萎缩。

【病理变化】

病变主要集中在生殖系统，阴唇肿大，乳腺肿大，间质水肿，导管发育不全。阴道黏膜水肿、坏死和上皮脱落，严重的外翻。子宫颈水肿，上皮细胞增生，呈多层鳞状。子宫角增大，变粗变长，肌层增厚，积液。卵巢发育不全，常无黄体形成，病程较长的卵巢萎缩，卵泡闭锁。公猪睾丸萎缩。

【诊断】

主要根据生殖器官变化，表现雌激素样作用，以及结合饲料调查可以做出诊断。必要时，进行致病优势菌(镰刀菌)及其毒素的检测和猪中毒试验。

【防治】

无特效药治疗，可参考 T-2 毒素中毒的处理方法，通常采取中毒的一般解救措施，适当采用对症治疗。预防措施也可参照 T-2 毒素中毒。

任务 25 菜籽饼中毒

菜籽饼中毒是由于猪日粮中菜籽饼用量过大而引起的中毒病。油菜是我国主要的油料作物之一，油菜籽饼含丰富的营养。蛋白质含量高达 32%～39%，是重要的蛋白质资源，但因含有有毒物质，一般日粮添加量不能超过 5%，否则会引起中毒。

【病因及发病机理】

引起油菜籽饼中毒的主要原因是油菜籽饼中含有程度不等的芥子苷或芥子酸钾、芥子酸、芥子酶和芥子碱等成分，尤其是芥子苷在芥子酶的作用下，可水解形成异硫氰酸丙烯酯或丙烯基芥子油等有毒物质，若不经处理，长期或大量饲喂可引起猪中毒。这些毒物对胃肠道具有强烈的刺激性，量多时还可造成肺气肿和心律不齐。还可与碘竞争，阻碍甲状腺素合成，造成甲状腺功能障碍，表现甲状腺肿大。另外，这些毒物还产生辛辣味，影响饲料的适口性。

【症状】

本病多发于育肥猪，多呈急性经过，死亡较快。病猪表现为精神萎靡，站立不稳，时作排尿状，排尿次数增加，有时排血尿。毒物主要刺激胃肠道，引起腹痛，腹胀，腹泻，有时粪便带血。耳尖、蹄部发凉，口鼻等可视黏膜发紫，两鼻孔流出粉红色泡沫状液体，呼吸加快，心跳加快，体温变化不大，或稍偏低。怀孕母猪可发生流产。病猪终因心力衰竭而死。

【病理变化】

死后尸僵不全，头部和腹部皮肤呈青紫色，血液暗褐色，如漆样，凝固不良。胃肠黏膜充血和点状出血，胃内常有少量凝血块，肾出血，肝混浊肿胀，心内、外膜均有点状出血。肺水肿和气肿，气管和支气管内充满红色泡沫状液体，甲状腺肿大。

【诊断】

根据饲料中含过多的菜籽饼，临床症状和病理变化可做出初步诊断。确诊可对日粮饲料进行异硫氰酸丙烯酯测定。国家饲料卫生标准规定，肥育猪日粮中异硫氰酸丙烯酯不能超过 500 mg/kg。

【防治】

1. 治疗

无特效解毒药物，主要是对症治疗。

(1)发现中毒后，立即停喂菜籽饼，用 0.05%高锰酸钾液让猪自由饮服，必要时可灌服 0.1%高锰酸钾液或蛋清、牛奶等，粪干者可用油类泻剂导泻。

(2)对症治疗应着重于保肝、强心、预防肺水肿，并可适当应用维生素 C、维生素 K 及肾上腺皮质激素等。

2. 预防

日粮中菜籽饼不要过多，对菜籽饼按以下方法作必要的去毒处理。

(1)坑埋脱毒法　选择向阳、干燥、地温较高的地方挖一宽 0.8 m、深 0.74 m、长度 0.4 m (按菜籽饼数量决定)长方形坑，将菜籽饼用一定比例的水(1∶1加水量效果最好)浸透泡软后埋入坑内，顶部和底部盖一薄层麦草，覆土 20 cm，2 个月后平均脱毒率为 84%，是一个很有效的脱毒方法。

(2)发酵中和法　在发酵池或大缸中放入清洁的 40℃温水，然后将碎(但不霉)菜籽饼投入发酵，饼与水的比例为 1∶(3.7～4)，温度以 38～40℃为宜，每隔 2 h 搅拌 1 次。经 16 h 左右，pH 达 3.8 后，继续发酵 6～8 h，充分滤去发酵水，再加清水至原有量，搅拌均匀，后加碱进行中和，中和时，碱液浓度要适宜(一般不得超过 10%)，在不断搅拌下，分次喷入，中和至 pH 保持 7～8 不再下降为止，待沉淀 2 h，滤去废液，湿饼即可作饲料。如长期保存，还须进行干燥处理。本法去毒效果可达 90%以上，苦涩味也基本消除。

(3)煮沸　一般小规模少量饲喂者，可以将粉碎的菜籽饼用热水浸泡 12～24 h，把水倒掉，再加水煮沸 1～2 h，边煮边搅，使毒素蒸发掉，方可喂猪。

任务 26　灭鼠药中毒

灭鼠药一般对人、畜都有较大的毒性。灭鼠药中毒主要是因灭鼠时，猪误食灭鼠毒饵或被毒鼠药污染的饲料和饮水，以及因吞食被灭鼠药毒死的老鼠或家禽尸体而发生的中毒性疾病。鼠类的危害很大，不仅损害饲料，而且还传播传染病，因此灭鼠也是规模化猪场的重点课题。

灭鼠药种类繁多，大致分为抗凝血类（如敌鼠、华法令），无机磷类（如磷化锌、黄磷等），有机磷类（如毒鼠磷等），有机氟类（如氟乙酰胺、甘氯等），氰熔体类及其他（如安妥、溴甲烷等）等六类。常见的毒鼠药中毒有：安妥、磷化锌、氟乙酰胺及华法令等抗凝血灭鼠药的中毒。

【病因及发病机理】

猪的灭鼠药中毒比较少见，主要是因误食灭鼠毒饵或被毒鼠药污染的饲料和饮水所致；另外，有时用有机磷制剂驱虫或用华法令抗凝血治疗时用量过大，疗程过长亦可引起中毒；个别还见于人为投毒破坏。

不同类型的灭鼠药，其致病机理亦不同，将常见的灭鼠药中毒机制简述如下：

1. 抗凝血类灭鼠药中毒

常用的抗凝血类杀鼠药有华法令（又名灭鼠灵）、叔戊酰茚二酮（又名杀鼠酮）、二苯乙酰基茚酮（又名灭鼠灵）和氯苯醋茚酮（又名氯敌毒）等，其中最常用的是华法令。这类灭鼠药所共有的香豆素或茚满二酮基核是维生素K的颉颃剂，导致猪体凝血障碍，从而造成出血倾向，临床上以全身各部的自发性大块出血和创伤后流血不止以及组织缺氧等为主要特征。

2. 磷化锌中毒

磷化锌分子式为 Zn_3P_2，是久经使用的灭鼠药和熏蒸杀虫剂，一般按2.5%～5%的比例制成毒饵灭鼠，它的残效期较长，鼠食后常死于洞外。磷化锌在胃内酸性环境中立即释放出剧毒的磷化氢气体和氯化锌，一方面，直接刺激和腐蚀消化道黏膜，使胃和小肠发生炎症，引起溃疡和出血。另一方面，磷化氢和剩余未分解磷化锌很快被吸收入血，分布于全身，主要损害实质脏器和血管壁，造成心、肝、肾等脏器组织细胞变性、坏死；血液出现血栓和溶血，各组织充血、水肿和出血，最终导致全身广泛性出血，组织缺氧而昏迷死亡。

3. 安妥中毒

安妥的化学名为甲萘硫脲，为灰色粉剂，通常按2%的比例配成毒饵杀灭鼠类。其毒性作用有三个方面，一是其成分中的硫脲可分解为氨和硫化氢，可刺激胃黏膜和中枢，出现呕吐、流涎等症状，是一种强催吐剂。二是被肠道吸收后，作用于交感神经系统，阻断血管收缩神经，使肺部血管通透性增加，导致肺水肿和胸腔积液。三是安妥具有抗维生素K作用，抑制凝血酶原的生成，导致出血倾向。

4. 有机氟农药中毒

包括氟乙酰胺、氟乙酸钠、N-甲基-N萘基氟乙酸盐（MN-FA、氟蚜螨）和甘氟等，是一类高效、药残期长和便于使用的杀虫（蚜螨）和灭鼠的剧毒农药。氟乙酰胺又称敌蚜螨，无臭无味，化学性质稳定，易溶于水。这类化合物可经皮肤、消化道及呼吸道进人体内。当氟乙酰胺进入机体后，脱去氨基形成氟乙酸，才表现其毒性作用。氟乙酸在乙酰辅酶A活化和缩合酶作用下，与草酰乙酸缩合生成氟柠檬酸。氟柠檬酸是柠檬酸的对抗物，能阻断柠檬酸的代谢，使三羧酸循环中断，造成柠檬酸在组织和血液蓄积，ATP生成不足，严重影响组织细胞的正常功能，心、脑等急需能量的组织细胞受害尤为严重，临床上以心血管系统或神经系统机能障碍为主。

【症状及病理变化】

1. 华法令中毒

急性中毒常无前驱症状即发生死亡。亚急性中毒常见症状有：黏膜苍白，吐血，便血，鼻出血，广泛的皮下血肿，肌间出血。关节肿胀，步态蹒跚，共济失调，虚弱，心律失常，呼吸困难，昏迷而死亡。剖检可见全身各部大量出血。常见出血部位为胸腔纵隔，关节和血管周围组织、皮下组织，脑膜下和脊髓管，胃肠及腹腔等，心肌松软，心内、外膜下出血。肝小叶中心坏死，病程长的病例，组织黄染。

2. 磷化锌中毒

没有特征性症状，病猪早期表现拒食和昏睡，不久发生呕吐，腹泻，呕吐物和粪便有蒜臭味，在暗处可发磷光。较重的呼吸急促，气喘，黏膜发绀，心律不齐。剖检可见全身各组织充血、水肿和出血。肺、肝、肾明显充血，肺小叶有的水肿，胸膜有渗出物，胸膜下出血，消化道黏膜充血、出血和脱落。剖开胃时，常散发蒜臭味，在暗处可见磷光。

3. 安妥中毒

病猪最初特征性症状是呕吐和流涎。以后表现兴奋不安，呼吸困难，咳嗽，两鼻孔流出带血色的细泡沫。发病后期，运动失调，犬坐姿势，常发生强直性痉挛，短期内窒息死亡。体温低下，尸体发绀。剖检可见全身组织器官瘀血和出血，特征性病变为肺水肿，整个肺呈暗红色，极度肿大，散在或密布出血斑。气管内有带血的液体及泡沫。胸腔积有多量、透明液体。

4. 有机氟农药中毒

主要表现中枢神经和循环系统的症状。临床上有两种类型，一种表现为突然发病，病猪多无明显的前驱症状，经 9～18 h，病猪突然跌倒，剧烈抽搐，惊厥或角弓反张，迅速死亡；有的可暂时恢复，但心跳加快，节律不齐，有轻度腹痛，摇尾不安，出汗，步态蹒跚。鸣叫，突然倒地，全身震颤，四肢划动和心力衰竭。很快又复发，最后死亡。还有一种表现潜伏发病，慢慢蓄积，常于中毒 5～7 d 后，仅表现食欲减退，独处依墙而立或卧地，有的可逐渐康复，有的可能在静卧中死去。还有些病猪在中毒次日，即表现精神沉郁，食欲废绝，呕吐，脉搏快而弱，心律不齐。经 3～5 d，因外界刺激或无明显外因而突然发作，惊恐，尖叫，狂奔，全身颤抖，呼吸迫促，持续 3～6 min，症状缓解，但又可重复发作。病猪终于在抽搐中因呼吸抑制和心力衰竭而死亡。常无特征性病理变化，一般尸僵很快。各种黏膜、组织发绀，心肌松软，心包及心肌充血，有出血斑点，脑软膜充血、出血，肝、肾瘀血、肿大、卡他性或出血性胃肠炎。组织学检查脑水肿和血管周围淋巴细胞浸润。

【诊断】

灭鼠药中毒的诊断有一定的困难，主要依据是否接触灭鼠药，如安妥、磷化锌、氟乙酰胺或华法令等病史，结合各类灭鼠药中毒后的临床特征和病理特征，参考特效解毒药的治疗效果进行综合分析，做出初诊。确诊要测定饲料、胃肠内容物、血液及脏器内灭鼠药的有毒成分。

【治疗】

根据不同的灭鼠药中毒，采用不同的治疗措施。

安妥、磷化锌中毒因无特效解毒剂，只能采取一般的中毒急救措施。如尽快进行催吐、洗胃、缓泻，并配合补液、强心、利尿等疗法。安妥中毒还要采取消除肺水肿、排除胸腔积液和注射维生素 K 制剂等方法。

对有机氟农药中毒者，首先应选用特效解毒药乙酰胺（解氟灵），亦可用乙醇乙酸酯（醋精），进行急救，同时配合中毒的一般急救措施，适当镇静和强心。

抗凝血类灭鼠药中毒者，首先选用维生素 K_1 解除凝血障碍；出血严重者，应输血和输液，以补充血容量；还要适当的镇静，缓解呼吸困难等。

任务 27 有机磷农药中毒

有机磷农药中毒是由于接触、吸入或误食被某种有机磷农药污染的饲料所引起的一种中毒性疾病。有机磷能使体内胆碱酯酶活性下降，造成乙酰胆碱蓄积，临床上以表现胆碱能神经效应为主要特征。

有机磷农药是最常用的高效杀虫剂，现已有 100 多种，目前我国生产的已有数十种之多，按其毒性的大小将其分为三类。剧毒类：包括对硫磷（1605）、甲拌磷（3911）、内吸磷（1059）、甲基对硫磷（甲基 1605）、硫特普（苏化 203）等。强毒类：包括敌敌畏（DDVP）、甲基内吸磷（甲基 1059）等。弱毒类：包括敌百虫、乐果、马拉硫磷（4049）等。

【病因及发病机理】

猪有机磷农药中毒常因误食撒过有机磷农药的蔬菜等植物，或用敌百虫驱虫用量过大，或用敌百虫治疗外寄生虫被猪舔食而引起。有时也见于人为放毒。

在生理情况下，神经冲动的传递是靠神经末梢释放的乙酰胆碱来完成的，作用完毕后，乙酰胆碱在胆碱酯酶的作用下，被分解成乙酸和胆碱，然后再合成。如此循环反复，从而保证了神经冲动在神经之间和神经与肌肉之间的顺利传递。当发生有机磷中毒时，有机磷化合物能与胆碱酯酶结合，形成比较稳定的磷酰化胆碱酯酶，使体内胆碱酯酶的活性显著下降，失去分解乙酰胆碱的能力，导致乙酰胆碱在胆碱能神经末梢和突触部大量蓄积，并持续不断地刺激胆碱能受体，造成胆碱能神经高度兴奋，继而麻痹胆碱能神经突触的冲动传递，出现一系列的中毒症状。有机磷化合物与胆碱酯酶的结合，初期是可逆的，以后就变为不可逆反应。当毒物进入量少，血浆胆碱酯酶活性降低到 70%～80%时，往往不表现临床症状。当进入量较多，酶活性降到 30%～40%时，就有较明显临床症状。当活性降到 30%以下时，呈现重剧中毒，并引起死亡。

有机磷中毒的共同机理和主要机理是胆碱酯酶活性降低。此外，不同有机磷农药还各有一定的独特性作用，如某些有机磷农药对中枢神经系统、神经节和效应器官可能有直接作用，而且对腺苷三磷酸酶、胰蛋白酶以及其他一些酯酶可能也呈抑制作用。

【症状】

有机磷中毒主要呈现毒蕈碱样、烟碱样以及中枢神经系统症状。轻度中毒以毒蕈碱样症状为主，虹膜括约肌收缩使瞳孔缩小，支气管平滑肌收缩和支气管腺体分泌增多，导致呼吸困难，甚至发生肺水肿。胃肠平滑肌兴奋，表现为腹痛不安，肠音亢进，不断腹泻。膀胱平滑肌收缩，造成尿失禁。汗腺和唾液腺分泌增加，引起大出汗和流涎。中度中毒者，除上述症状更严重外，主要呈现烟碱样作用症状，骨骼肌兴奋，发生肌肉痉挛，最后陷于麻痹。重度中毒者，主要表现中枢神经系统中毒，病猪昏迷，抽搐，发热，粪、尿失禁，全身震颤，突然倒地，心跳加快，瞳孔极度缩小，对光反射消失。常因呼吸中枢麻痹，呼吸肌瘫痪，肺水肿或因循环衰竭而死亡。

【病理变化】

本病缺乏特征性病理变化。经消化道中毒在 10 h 以内死亡的急性病例，除胃肠黏膜充血和胃内容物可能有大蒜味外，无其他病变。经 10 h 以上死的病例可见一些较明显的病变。

急性中毒者，胃肠内容物有蒜臭味或胃肠黏膜充血、出血、肿胀，并多半呈暗红色或暗紫色。气管内常有白色泡沫存在。肺充血、肿大。心内膜有不整形的白斑。肝、脾肿大，肾混浊肿胀。

亚急性病例，胃肠黏膜发生坏死性、出血性炎症，肠系膜淋巴结肿胀、出血。胆囊肿大、出血，黏膜、黏膜下层和浆膜有广泛性出血斑，各实质器官发生混浊肿胀。肺淋巴结肿胀、出血。镜检，肝和肾实质变性。胸腺及脾淋巴细胞减少。病程较长的病例，肝组织、小肠淋巴滤泡有小坏死灶。

【诊断】

根据调查有接触有机磷农药的病史，比较特征性的胆碱能神经兴奋症状，如流涎、出汗、肌肉痉挛、瞳孔缩小、肠音强盛、呼吸困难等，再结合全血胆碱酯酶活力测定作出早期诊断，必要时，进行有机磷农药等毒物的检验。紧急时可作阿托品治疗性诊断。

【治疗】

治疗原则是立即实行特效解毒，然后尽快除去尚未吸收的毒物。

应实施特效解毒，首先应用乙酰胆碱对抗剂—阿托品，以缓解症状，而后应用特效解毒剂—解磷定、氯磷定或双复磷。胆碱酯酶复活剂可提高胆碱酯酶的活性，但不能解除毒蕈碱样症状，难以救急。阿托品等乙酰胆碱对抗剂可以解除毒蕈碱样症状，并对呼吸中枢有兴奋作用，能解除有机磷中毒的呼吸抑制作用，但不会提高胆碱酯酶的活性，不能治本。因此，两者合用有增强疗效的作用。硫酸阿托品是常用的乙酰胆碱对抗剂，轻度中毒者皮下或肌肉注射 1～5 mg，30～60 min 1 次，中度中毒者，用量加大 2～4 倍，静脉注射。重度中毒者，若经皮肤中毒的，剂量同中度中毒，经消化道中毒的，剂量为轻度的 5～10 倍，静脉注射、每隔 10～30 min 1 次。常用的胆碱酯酶复活剂有解磷定、氯磷定和双复磷，对中毒 3 d 以上的无效。氯磷定的剂量为每千克体重 5～10 mg，重度的加倍量静脉注射。解磷定的用量比氯磷定稍多些。

立即清除残留的毒物，终止毒物的继续吸收。经体表中毒者要用清水或肥皂水反复刷洗数遍，经消化道中毒的要洗胃，并给泻药。另外，要采取强心、补液等对症疗法。

任务 28　猪铜中毒

铜中毒是由于饲料中铜含量过高或环境污染铜而引起的中毒病。可分为急性和慢性两种，急性中毒以流涎、呕吐和腹泻为特征，慢性中毒则以厌食、黏膜黄染、血红蛋白尿为特征。由于铜对猪有促生长的作用，因此，目前猪的配合饲料中添加高铜的现象非常普遍，很容易引起中毒。

【病因】

铜是机体必需的微量元素，在猪体代谢中发挥重要的作用，但是过量的铜又会对机体造成危害。猪的铜中毒常见于日粮中添加量过大而致，有时也见于临床上使用铜制剂过量或过大而致。此外，铜和钼在体内具有颉颃作用，当饲料钼缺乏时，低水平的铜将引起中毒。饲料中铜、钼比以(3.5～4.5)∶1为宜。虽然猪对铜有较高的耐受性，仔猪日粮铜达到每千克饲料 250～500 mg 时，对生长和饲料利用有良好的作用，但可引起肝铜含量升高等变化。

【发病机理】

急性铜中毒时，由于铜盐（如硫酸铜等）具有腐蚀性，对胃肠黏膜产生强烈的刺激，引起胃肠炎，且粪便中的铜含量急剧增高，而使其呈褐黑色，但肝铜含量并不高。

慢性铜中毒，是长期给予含铜高的饲料，但还未达到急性中毒的量。这些过多的铜被吸收后，则在肝脏里蓄积，当达到一定量时，肝细胞受损，肝铜大量释放入血液循环。铜能引起血红蛋白变性，损害红细胞膜，抑制6-磷酸葡萄糖脱氢酶、谷胱甘肽脱氢酶的活性，使红细胞易于破坏引起溶血性贫血、血红蛋白尿和黄疸等特征性的中毒症状。血红蛋白尿能刺激肾脏，引起肾脏病变。

【症状】

急性铜中毒一般于2～3 d内死亡，慢性中毒时间较长，在溶血期前采取治疗措施，损失较小。

急性中毒主要是发生严重的胃肠炎，表现呕吐、腹痛和剧烈的腹泻，粪便含有较多的黏液，并带有特征性褐黑色或深绿色。严重时体温下降，心跳加快，惊厥，麻痹和虚脱，通常于1 d左右死亡。如存活时间较长，有明显黄疸症状。

慢性中毒时间很长，初期即肝铜蓄积和肝脏轻微受损时期，无明显临床表现，可能持续2～3个月。中期即肝脏受损和血铜稍升高时期，临床表现食欲减退，精神沉郁，腹泻，可能持续14～25 d。后期即溶血和血铜迅速升高时，常突然暴发，虚弱无力，厌食，气喘，黄疸，出现血红蛋白尿症和血红蛋白血症，还可能出现发痒，皮肤角化不全，继而出现湿疹样病变和丘疹，感觉过敏和肌肉震颤，可持续2～3 d，甚至5 d。

急性中毒时，粪铜高达8 000～10 000 mg/kg，数日后，肝铜水平才明显升高。溶血时，血铜为500～2 000 μg/mL（正常值为100 μg/mL），肝铜升高，可达6 000 mg/kg。红细胞数减少，红细胞比容在溶血发作期48 h后，从40%减少到10%，高铁血红蛋白可达35%，尿中出现血红蛋白。

【病理变化】

急性中毒者主要是胃肠炎，胃肠黏膜兼有糜烂和溃疡，肝、肾、脾充血。

慢性中毒的主要病变为黄疸，肝肿大、色黄而脆，胆囊肿大，胆汁浓稠，脾肿大呈棕色，肾肿大呈暗棕色，有出血点。

【诊断】

主要根据调查日粮高铜病史的分析，具有贫血、黄疸和血红蛋白尿等症状，结合检测血、粪、肾、肝含铜量升高等可做出诊断。

另外，还要注意与产后血红蛋白尿及其他溶血所致的血红蛋白尿进行鉴别。

【防治】

1. 治疗

急性中毒，可用0.1%亚铁氰化钾溶液洗胃，铜形成不溶性亚铁氰化铜沉淀而不被吸收。也可用豆浆、牛奶、蛋清及活性炭吸附铜，保护胃肠黏膜，以减少铜的吸收。

应用二乙胺四乙酸二钠钙，成年猪按每日1 g溶于5%葡萄糖溶液内静脉注射，每天1次，连用3 d，隔3～4 d后可重复注射。

慢性铜中毒时，可用钼酸铵或硫酸钠内服，50～500 mg/d，连用1个月左右可使肝铜下降。也可应用钙制剂。每天饲喂硫代硫酸钠20 g，也有效果。

2. 预防

饲料添加铜盐不要过量，且要混合均匀，对高铜（污染）饲料应添加铁、锌、钙、钼、硫等盐类，并定期进行肝铜、血铜、粪铜的检验，以便做到早期诊断，并采取相应措施。日粮中增加钙、铁、钼、锌、蛋白质和维生素 E 含量对预防铜中毒有一定作用。

任务 29　猪硒中毒

硒中毒是因机体摄入过多的硒而引起的一种中毒病，急性中毒以神经症状为特征，慢性中毒则以消瘦、跛行、脱毛为特征，可发生于各种猪。硒中毒与土壤含硒过高有很大的关系，因此本病在许多国家都有发生，中国也有硒中毒地区，如湖北的恩施市和陕西紫阳县。关于硒中毒的记载历史很久，但是一直到 1957 年、1958 年以后硒在猪营养上和体内的生理功能才引起重视。

【病因】

硒是机体必需的微量元素之一，在体内代谢中发挥重要作用，因此日粮中常添加硒制剂以补充，但是硒又是高毒性元素，当机体摄入量过大，就会引起中毒。硒中毒主要的病因是注射、内服硒制剂过量，日粮中硒添加过多或混合不匀等。猪每千克体重注射亚硒酸钠超过 1.0 mg 时，出现轻度中毒症状，半数致死量为每千克体重 2.0 mg。饲料硒对猪的中毒量为 5 mg/kg，在猪缺乏营养和应激时，低水平的硒也可引起中毒。

【发病机理】

正常量的硒在猪体内有抗氧化作用，体细胞免遭体内代谢过程中产生的过氧化物（H_2O_2、不饱和脂肪酸过氧化物）的损害。但过量的硒在体内引起中毒的机制尚未完全清楚。一般认为过量的硒可代替蛋白质中含硫氨基酸的硫，而成为含硒氨基酸，抑制多种含硫氨基酸酶的活性，如肝琥珀酸脱氢酶、血清氨基酸转移酶等，从而干扰细胞的代谢过程。过多的硒还可通过胎盘屏障，干扰胎儿的细胞氧化，引起胎儿畸形。

【症状】

急性中毒表现为呕吐，腹泻，腹痛，呼吸困难，心跳加快，精神沉郁，运动失调，以头抵地，多于中毒后 24～48 h 体温下降而死。

慢性中毒，即慢性蓄积性中毒。病猪消瘦，病初皮肤发红，瘙痒，被毛蓬乱，食欲下降，全身脱毛，十几天至三四个月脱光，多数在 2～3 个月后长出新毛。有些猪脱毛后蹄部开始出现病变，起初蹄冠部发白红肿，继而裂口，如感染则流脓血，跛行并用腕关节跪地行走，最后瘫痪。采食量减少，拉稀，增重缓慢，饲料报酬降低。母猪还引起繁殖障碍，影响胎儿的发育及母猪的受胎率，新生仔猪畸形、死亡率增高。

【病理变化】

1. 急性中毒

心、肝、肾实质器官有充血、出血，肺水肿。

2. 慢性中毒

肝萎缩、硬化和坏死，被膜粗糙，常与膈肌粘连。脾肿大，有局灶性出血。心肌萎缩，心外膜小血管充血。胸、腹腔和心包积液，皮下血管扩张，血液稀薄，凝固不良，颈部、前胸部等皮下常见淡黄色胶冻样浸润。慢性肾炎，关节表面糜烂，蹄变形。

【诊断】

主要根据饲料检测，有用硒过量的病史以及血、尿、肝、肾等含硒量检测做出诊断。

【防治】

1. 治疗

一旦做出诊断后要立即解除毒源。急性中毒者无法治疗，慢性中毒可用砷制剂进行解毒。也可用0.1%砷酸钠生理盐水溶液，猪每次2.0 mL皮下注射，每天1次，连用2 d。还可用每千克5～10 mg亚砷酸盐饮喂。

2. 预防

在配合饲料中添加硒制剂时，一定要控制在安全范围内，要注意混合均匀。临床使用硒制剂时，一定要控制在安全范围内。

任务30 猪砷中毒

砷中毒是指由于猪摄入过量的砷而致的一种中毒性疾病。临床上以肝、肾、神经系统损害，胃肠出血及其内容物有蒜臭味为特征。根据病程可分为急性型和慢性型两种。砷早已广泛地应用于农业和医学，在两三千年以前，人们就开始应用剧毒的砷化物来杀虫和灭鼠，自1907年RhrLich介绍有机砷以来，砷就被用作强壮剂以及用于治疗很多疾病，1929年，CLough提出长期小剂量服用砷酸会引起蓄积性中毒，之后砷中毒被不断发现并引起重视。

【病因】

含砷的毒物种类很多，可分为有机砷和无机砷两类，一般来说无机砷毒性高于有机砷。目前，砷中毒主要见于日粮中某些原料不合格，砷含量过高，以及添加过量含砷生长剂或混合不均匀等原因。此外，有时也见于工业生产污染水源，而造成中毒。

【发病机理】

砷化物一般经呼吸道、消化道和皮肤吸收进入机体。吸收后全身分布，但以肝、肾含量最高。慢性砷中毒，主要集聚于骨骼、皮肤及角质组织(被毛或蹄)中。砷能通过胎盘，但很少进入血脑屏障。砷可迅速地由粪、尿、胆汁、唾液、汗腺和乳腺排出。砷为细胞原浆毒，除局部刺激作用外，砷主要作用于多种含巯基的酶，特别是丙酮酸氧化酶、乳酸脱氢酶、细胞色素氧化酶等，与其中的巯基结合，使其失去活性，影响细胞的正常代谢，造成组织及细胞的病变和坏死。作用于神经细胞时，导致广泛的神经系统病变。砷还可直接损害毛细血管，使血管平滑肌麻痹，毛细血管扩张，血管通透性增加，导致水肿和出血。砷还能损伤染色体，使细胞有丝分裂障碍。

【症状】

急性中毒者比较少见，急性无机砷中毒时，有的不表现症状就迅速死亡。多数表现重剧性胃肠炎的症状，出现剧烈腹痛，流涎，口吐白沫，呕吐，口腔黏膜红肿，齿龈呈黑紫色。口渴，腹泻，粪便带血有蒜臭味。血尿和蛋白尿。全身衰竭，步态蹒跚，肌肉震颤，后肢麻痹，昏迷而死。

慢性中毒，症状不明显。慢性无机砷中毒时主要表现为消化不良，口渴，消瘦和全身虚弱，被毛粗乱，易脱落。可视黏膜呈砖红色。慢性有机砷中毒临床症状局限于神经系统，表现为运动失调和麻痹，有些猪则失明，生长缓慢，饲料报酬低。

【病理变化】

急性中毒的主要病变在胃、小肠和盲肠，可见黏膜充血、出血、水肿、糜烂等病变，严重的可见穿孔，胃内容物有蒜臭味。心、肝、肾实质器官肿大、充血，呈脂肪变性，胸膜，心内、外膜，膀胱有点状或弥漫性出血。尸体不易腐败。

慢性中毒无明显病变，可见口腔、喉、气管黏膜炎症和全身水肿。

【诊断】

根据病史调查，临床上以胃肠炎为主，内容物有蒜臭味，结合肝、肾砷化学分析等可做出诊断。肝、肾中砷含量超过 10～15 mg/kg，血砷达 1～2 mg/L 即可诊断为砷中毒。

【防治】

1. 治疗

急性中毒一般预后不良。应立即停喂可疑饲料，并用盐类泻药，同时使用特效解毒药二巯基丙醇，剂量为每千克体重 5 mg，肌肉注射，前 1～2 d 每隔 4 h 注射 1 次，第 3 天每隔 6 h 注射 1 次，以后每天 2 次，连续 7～14 d。在使用上述药物的同时，还可根据病情采取对症疗法，如强心、保肝、补液、防止脱水和保护肠黏膜等措施。

2. 预防

临床用砷制剂时一定要掌握剂量，防止中毒。加含砷生长剂时要合理准确，并保证混匀。

【案例分析】

案例 1 某商品猪场，为节省饲料成本，近期将饲料中的豆饼改为菜籽饼，饲喂一段时间后，大群出现精神沉郁，食欲减退甚至废绝，呕吐，粪便初干而黑，后稀薄色淡，甚至腹泻，尿量减少，皮下水肿，体重减轻，日渐消瘦。低头拱腰，行走摇晃，后躯无力而呈现共济失调，严重时搐搦，并发生惊厥。呼吸急促，心跳加快，心律不齐，体温升高可达 41℃，喜凉怕热。

1. 诊断

猪菜籽饼中毒。

2. 治疗措施

尚无特效解毒药物，病畜应立即停喂含有菜籽饼或菜籽的日粮。同时进行导胃、洗胃、催吐、下泻等，排除胃肠内毒物，以及解毒疗法。对胃肠炎、肺水肿严重的病例进行抗菌消炎、收敛和阻止渗出等对症治疗。

3. 处方用药

【处方 1】

(1)0.03%高锰酸钾溶液适量，(或 5%的碳酸氢钠液)适量，或 3%过氧化氢(加水稀释 10～20 倍)适量。

用法：反复洗胃。

说明：洗胃后可灌服多量 5%碳酸氢钠溶液。

(2)硫酸钠 50～100 g，健胃散 5～10 g。

用法：混合后加适量温水一次投服。

说明：也可用硫酸镁 60～120 g、人工盐 10～20 g 混合后加适量温水投服。

【处方 2】

硫酸钠 50～100 g，(或硫酸镁)50～100 g。

用法：加水适量灌服。

说明：进行缓泻。

【处方3】

5%氯化钙注射液20 mL，40%乌洛托品注射液10 mL。

用法：一次静脉注射。

【处方4】

(1)硫酸亚铁1～2 g。

用法：口服。

(2)10%～50%葡萄糖溶液200 mL，或10%葡萄糖酸钙溶液200 mL，复方氯化钠注射液200 mL，10%～20%安钠咖注射液10 mL，维生素C注射液1 g，维生素D注射液2.5万IU，维生素A注射液5 mL。

用法：静脉注射。

案例2　猪食盐中毒诊治病例

1.急性中毒诊治病例

2007年3月8日镇沅县古城乡文广村刘某饲养的5头猪，其中3头杜洛克猪，2头本地杂交猪。因误把含有高浓度食盐的洗肉水当成米汤水，掺入少量玉米面、米糠喂猪，造成猪只全部发病。经询问畜主，猪只喂食0.5 h后全部发病，首先有2头吃食较好的架子猪出现兴奋不安的神经症状，不久陆续出现口吐白沫，肌肉痉挛症状，反复抽搐，四肢常作游泳状划动，有1头80 kg大猪行动不稳，后躯摇摆，作曲线前进，后躯瘫痪，有时呈犬坐姿势或以后肢为圆心作划圆爬动，划圆时头朝后仰，朝背后移动，划圆动作呈周期性发作，而肌肉痉挛，咬肌和肩部肌肉比较明显。同时眼和口腔黏膜发红、充血，最后倒地呈昏迷状态。通过以上症状及询问畜主病史，诊断为食盐中毒，治疗要点是促进食盐排除，恢复阳离子平衡和对症治疗。用阿托品＋维生素C给发病猪作肌肉注射，并给猪少量多次的清洁饮水及投喂鲜鸡蛋，通过上述的治疗后，除1头本地猪死亡外，其余全部康复。

2.慢性中毒诊治病例

镇沅县古城乡卖早点的王某，饲养7头约50 kg的架子猪，陆续有3头出现前肢不能站立，跪地而食的症状，但食欲正常，体温正常，粪便时干时稀，有时少尿或无尿。经询问其饲料组成与饲养管理得知，此7头猪从购入后就一直用少许玉米面和米干汤水饲喂，长至40～50 kg体重时就陆续出现此症状，通过以上症状及询问病史，诊断为慢性食盐中毒。治疗上采取祛风除湿，抗风湿的原则，用跛行镇痛针＋地塞米松给猪作肌肉注射，并要求畜主停喂米干剩汤水，利用全价配合饲料饲喂，每天给猪只清洁的饮水，经治疗7 d后，全部猪已恢复健康。

案例3　亚硝酸盐中毒诊治病例

镇沅县古城乡京联村张某饲养11头60 kg左右的架子猪，2007年5月1日早晨，喂食15 min后发病，有2头平时采食量大的猪先后死亡，其余的猪先后陆续发病，病猪精神差，心跳、呼吸加快，流涎；卧地不起，赶起后走路摇摆；鼻端、口部、眼结膜及腹部皮肤呈现紫红色；体温不高，四肢末端及耳尖发凉；耳尖放血不出或出血很少，血液颜色加深。剖检可见腹部皮肤发紫，口鼻、眼结膜发绀，血液暗褐色、凝固不良；胃肠黏膜充血，肝脏瘀血，明显肿大，肺瘀血等。经询问畜主得知，猪食是头天晚上把少量玉米面及青饲料同煮，并闷在铁锅中。根据询问病史及上述症状表现诊断为亚硝酸盐中毒。治疗上采取对症疗法＋辅助疗法的原则，用10%葡萄糖250 mL+1%亚甲基蓝注射液10 mL+维生素C注射液2 g混合后进行静脉注射，另肌注10%安钠咖10 mL，间隔4 h后再用上述药物注射1次，并在清洁饮水中加入维生素C，让猪自由饮用。经上述治疗后，除1头猪死亡外，其余病猪陆续痊愈。

案例4　霉玉米面中毒诊治病例

黄某饲养10头30～40 kg的架子猪，将300 kg因天气原因导致发霉的玉米面喂猪，不久即发现猪食欲下降，体温达39℃，精神沉郁，口渴喜饮水，昏睡，肌肉颤抖，兴奋与沉郁交替发生，鼻腔内分泌物流出，严重的猪食欲废绝，鼻腔干燥，黄疸、尿黄。通过上述症状及询问病史，诊断为霉玉米中毒。治疗方法：肌注地塞米松5 mL；中药：茵陈、龙胆草、野芝麻、板蓝根、马鞭草、车前草、甘草，在方中除甘草20 g外，其余中药以每头3 g计。先用牛骨头煮好再将中药放入煮开，文火煮15 min，冷却后用多层纱布多次过滤去除药渣，然后用注射器灌服给固定好的猪。在灌服时，等注入口腔中的药液吞下后才能再注，服第1剂药后，猪开始有食欲，服完2剂中药后全部猪康复。

案例5　灭老鼠药二次中毒诊治病例

张某饲养8头50～60 kg架子猪，于2007年12月4日早晨发病。表现流涎、食欲减退、呕吐不止，呕吐物在猪舍光线不好的地方有磷光出现。猪只呼出气体有蒜味，腹痛不安，腹泻、粪便中混有血液等，经询问畜主得知，12月3日下午，因家里老鼠多、乱，晚上无法入睡，家里投放有磷化锌鼠药，12月4日早发现，水缸里面也有3只死老鼠，进一步在猪舍认真察看，猪舍水槽里面也有少许鼠毛。通过上述症状及询问病史，诊断为鼠药中毒。治疗上用强力解毒敏+维生素C作静脉注射，用0.1%高锰酸钾洗胃，经上述治疗48 h后，除1头病猪死亡外，其余的陆续出现好转、康复。

案例6　育成猪微量元素铜中毒病例

1.发病经过及调查

2002年10月3日，主诉，家养育成猪15头，近来食欲欠佳，昨晚发现有一头猪，突然全身抽搐，片刻后恢复正常，但喜卧地。经当地兽医肌注“青霉素+地塞米松”后，早晨未见好转。而同样症状猪突然发展到8头，均有间歇性痉挛现象。经检查，体温39～40℃，被毛粗乱，皮肤苍白，体躯蜷曲，卧地不起。人为刺激时，发生强直痉挛，角弓反张，两目圆瞪，口流涎沫，偶有呕吐。粪便乌黑，部分粥样腹泻，部分指头般硬颗粒黑便。经询问，畜主所用饲料为河南某公司生产MD-151浓缩料，按说明使用，玉米60%，麸皮15%，浓缩料25%。据产品介绍，该饲料粗蛋白含量≥40%，铁≥500 mg/kg，铜≥800 mg/kg，锌≥600 mg/kg。由此可知，配合全价料中，铜≥200 mg/kg。五天前，又有一产品销售员推荐四川某公司生产的催猪1号添加剂，据产品介绍，使用该添加剂，猪肯吃肯长，开胃生血，可节约饲养成本30%，能缩短育肥期2～3个月。在该添加剂中，铜≥8 000 mg/kg，铁≥12 000 mg/kg，锌≥6 000 mg/kg。在该销售员的游说下，畜主于是购买了两袋，于每次饲喂时撒入料中30～50 g，折合铜400 mg，每次喂料量约4 kg，即每公斤料中又添加铜100 mg。所以，实际料中铜含量≥300 mg/kg，而且添加剂中$CuSO_4 \cdot 7H_2O$颗粒粗糙，大如米粒，据此分析为铜中毒。

2.措施

(1)立即停止使用全部饲料，改用麸皮、玉米简单混合料，少喂勤添。

(2)每50 kg料中添加精制复合多维10 g，鱼肝油250 mL，恩诺沙星纯粉10 g，奶粉500 g。

(3)每10 kg饮水中添加纯葡萄糖粉1 000 g，化学用氧化锌1.5 g，$NaHCO_3$ 25 g，NaCl 35 g，KCl 15 g，自由饮用。

3. 效果

经综合用药后，至当天下午又出现2头症状猪。第二天大部分猪精神有所好转，神经症状基本消失，仅有3头重症者卧地不起，抽搐次数明显减少。第三天大部分猪开始有食欲，神经症状全部消失，仅有磨牙现象及部分猪的步态不稳。第四天全部症状消失，精神恢复如故。但采食量较以前减少约1/4。

4. 讨论

(1)铜虽是猪必需微量元素之一，但它又是腐蚀性极强的毒物之一。据资料介绍，单独应用，饲料中铜>250 mg/kg，肝铜>500 mg/kg，肾铜>80～100 mg/kg，具备其中之一时，即可发生铜中毒。在添加剂中，由于铜与铁、锌、锰、钼等有协同或颉颃作用，故搭配恰当，不表现中毒现象；若配比不适，极易引起急性或慢性中毒。

(2)目前，市场上使用的大部分浓缩料、全价料或预混料，都属高铜饲料，配成的全价料中，铜含量≥170 mg/kg。由于有专业技术人员及高科技应用，各元素之间配比恰当，单独使用具有明显的饲养效果。但如果盲目应用多种品牌添加剂，则往往出现负面效应，应引起广大养殖户高度重视。

(3)铜中毒一般不会在短期表现出来，据临床观察，饲料中铜的含量大于300 mg/kg，1周左右就表现出明显症状，肠道和肝肾也会受到严重损害。

(4)治疗时，首先以保护胃肠道黏膜，中和体内过剩的铜及提供解毒能量利尿的葡萄糖为主，适当配以对肝肾负担较小的喹诺酮类，抗菌消炎药物，以防肠道继发性病变的发生。

【知识拓展】

畜禽的微量元素中毒

微量元素中除15种是人畜体内所必需的以外，又发现微量存于体内不具有毒性反应，故称其为非毒性元素，如硼、铋、锂、钨、金、溴等。还有的已被证明微量存于体内，可引起毒性反应，如汞、镉、铅、锑、铍、钇等，称为毒性元素；其中镉、铍、钇根据实验还可能致癌致畸。

微量元素中毒是指少量或微量的微量元素进入机体后，发生功能障碍，甚至导致死亡。慢性中毒常由于极少量的微量元素进入机体累积所致。引起中毒的元素主要是金属元素，特别是重金属元素和碱土金属元素，当然也有少数毒性较强的非金属元素。

微量元素中毒发生的原因，概括起来有三方面：一是由于地区的特点和矿藏分布，在土壤、空气和水源中，某些微量元素的含量高，可发生地区性慢性中毒。二是因采矿、冶金工业的发展和工业三废(废气、废水和废渣)的处理不当，以及农业上化肥、农药、除锈剂等的广泛应用，以致污染环境。三是使用微量元素不当，包括日粮中添加剂的调配，或应用微量元素防治某些疾病，在剂量、浓度、方式方法及时间间隔等方面的人为错误。

微量元素主要通过胃肠道进入畜禽体，也有随大气经呼吸道，少数是经皮肤等途径进入机体。它们的排出途径主要是肾脏和肠道，此外还有皮肤、毛发、汗腺、分泌腺和胆道等。有的微量元素的排出途径不只一处，如铜既可经肾由尿道排出，也能通过胆汁进入肠道随粪便排出。目前利用分析毛发中微量元素的含量，作为检测微量元素污染环境，或诊断微量元素中毒的指征。

微量元素进入机体后，其分布极不均匀，有的在一定的组织或器官中贮存较多，有的含量却很少。例如85%以上的碘集中于甲状腺,90%以主的氟、铅、钡等集中在骨骼;70%以上的铁集中于红细胞。大部分微量元素比较集中地存在于肝脏,故称肝脏为“微量元素之库”。

微量元素对机体的毒性作用,从微量元素方面来看,和毒性的强弱,生物学半衰期的长短,机体吸收的速率及在体内分布等有不可分割的联系。毒性的强弱又和微量元素的种类、剂量、应用时间的长短,进入机体的方式以及吸收率的不同而有显著差异。从畜禽体方面来说,与畜禽的种类、年龄、性别、个体大小、体质强弱、营养状态以及畜禽对微量元素的敏感性和耐受性等,都有密切的关系。

金属元素之所以对机体产生毒性作用,是因为重金属和碱土金属化合物进入机体后,很多能很快地离解形成离子,并和蛋白质分子中的各种基因结合,形成较稳定的化合物,抑制酶的活性,或破坏蛋白质的正常功能。例如进入畜禽体的汞离子,和蛋白质中广泛存在的巯基结合,抑制多种酶的活性,阻碍细胞的呼吸和正常代谢,以致引起极为广泛的毒害作用;特别是对脑组织的严重损害和严重的细胞功能紊乱。

分析微量元素中毒病例时,对当地的土壤、空气、水源和草料,工农业污染的情况进行调查研究;结合流行病学资料,临床症状,病理剖检等进行诊断,这对防治微量元素中毒具有重要的意义。值得重视的是某些临床症状和病理变化既出现于某些微量元素缺乏症,又呈现在某种微量元素中毒病例。例如贫血不但是铜、钴、铁、镍缺乏症的症状之一,而且也出现在硒、锌、钼的中毒,氟和钼中毒时,呈现骨骼的异常,而铜、锰、锌的缺之也有相同的表现。此外,在某些微量元素过多或缺乏的地区,除有的病畜呈现临床症状外,还有不少畜禽处于亚临床状态,常常不易发现。据此,确定微量元素中毒的诊断时,务必考虑进行人工试验和微量元素的检测,以期在确诊的基础上追根索源,采取切实有效的防治措施。

关于微量元素中毒的预防,应根据发生的原因,结合实际情况,采取综合措施。一是查明工业三废污染区,金属元素、碱土金属元素和毒性较强的非金属元素的分布区,严禁在这些地区放牧牲畜,并采取有效方法防止环境污染。二是严格控制化肥、农药、除锈剂等的使用,制定有关贮藏、运输和使用方法细则,由专人负责使用,妥善保管。三是应用微量元素作为饲料添加剂,或防治某些疾病时,必须高度重视剂量、浓度和使用的方式、方法、间隔时间。第四,绝对禁止以微量元素中毒的畜禽,供人们食用或作为畜禽的饲料。第五,不得用农药拌过种或消毒过的作物作为饲料,万不得已使用时,事先必须反复彻底清洗干净。第六,在田块、地边使用过化肥、农药等以后,要及时公告,禁止放牧畜禽。

对微量元素中毒的病畜,在治疗上应着重以洗胃、导泻、催吐、利尿或清洗体表的方法,尽早排除致病因素。同时进行对症疗法,维护全身功能,注意强心、补液、保肝,针对不同情况,给予镇静剂或兴奋剂等,保持体温恒定,予以保护剂,如蛋清、糖或牛奶等;并注意加强对病畜的护理。在确定毒物后,可应用特效解毒剂,如二巯基丙磺酸钠、二巯基丁二酸钠等为汞的特效解毒剂;乙酰胺(解氟灵)对急性氟中毒有明显疗效。兹将几种常见微量元素中毒症分述如下:

1.铜中毒

究其发生原因除前述三项外,而畜牧兽医工作中的粗枝大叶,也是引起中毒的原因之一,例如1977年新疆兵团某团场畜牧连防治三北羔羊缺铜症,灌服1%硫酸铜液,每羔10 mL,由于兽医人员责任心不强,将药液配成10%,结果50多只1月龄左右羔羊全部中毒死亡,教训极为严重。引起急性铜中毒的剂量,一次日服硫酸铜,绵羊和幼龄犊牛为20~110 mL/kg,牛为22~88 mL/kg,猪的中毒剂量,据常金顺报道,母猪的饲料添加剂中,铜的量以不超过 250 mg/kg 为好。

急性中毒后呈现严重胃肠炎症状：呕吐(猪)、腹泻、剧烈腹痛；心动过速；惊厥、麻痹，24 h 内常虚脱而死。粪便和呕吐物中混有大量黏液，呈特征性的青色或蓝色。据常金顺报道：猪发生铜中毒，体温普遍上升，达 40.5～41.9℃，死后剖检可见肝脏呈橙红色的严重肿大。其他胃肠炎，脾脏和肾脏充血，病畜死亡时血液凝固为特征性病变。

慢性中毒剂量：在羔羊的日粮中，16 周内铜的水平维持 27 mg/kg，可引起致死性中毒。每天给 225 kg 体重的肉牛灌服硫酸铜 6 g，122 d 后发生慢性中毒并死亡。猪的慢性中毒量为 250～400 mg，1 000 mg 则可致死。325 mg/kg 的铜可使禽生长停滞，肌肉营养不良；也有报道每日喂铜 100 mg，则呈现衰弱，溶血性贫血等中毒症状。

绵羊慢性铜中毒病例呈现食欲不振、口渴；排暗红色血红蛋白尿；可视黏膜贫血、黄疸。消化道功能紊乱，脉搏增数(100～125 次/min)，心音减弱，呼吸迫促，也有体温升高的(39.4～40.4℃)，最后病畜衰竭而死。死后剖检可见肝脏肿大，呈黄色；脾脏质软而脆；肾呈暗金属色、肿胀。

预防慢性铜中毒，可在调配饲料时，适当增加锌、铁、铝的含量。

2. 汞中毒

发生的原因主要与工业三废污染水源、作物等有密切关系。据报道：新疆石河子蘑菇湖水库由于糖厂、造纸厂等工厂排放工业废水和生活污水，使水质遭受严重污染，畜禽和鱼体内的含苯量增高。联合国粮农组织和世界卫生组织规定食品汞的允许含量为 0.05 mg/kg，这就不能不引起人们的重视。

大量施用农药、化肥，也是引起汞中毒的原因之一。如蘑菇湖水库上游某农场自 1960～1981 年不完全统计，施用农药 5 166.4 t，其中汞制剂占 34 t，不但污染水库的水质，而且严重危害水库下游各地畜禽和人民的健康。

一次口服氯化汞的中毒剂量：牛为 9～18 mg/kg，绵羊为 60～80 mg/kg，马为 10～20 mg/kg，犬为 0.1～0.3 g。氯化亚汞口服的中毒剂量，牛 18～36 mg/kg，绵羊 1～5 g；山羊 1～2 g，马 10～20 g，犬 1～2 g，猪约 8 g。在小鸡的饮水中加甘汞 250 mg/kg，可使其生长停滞，引起大批死亡。

当吸入大量汞蒸气后，呈现呕吐，眩晕，口腔有金属气味，腹痛和粪便中带血的下痢。病程延长则出现尿少，蛋白尿、无尿症、尿毒症，溃疡性胃肠炎等，随后神经错乱。

氯化汞或其他可溶性汞盐中毒的过程与此相似，但最主要的损害是消化道黏膜的严重腐蚀，皮肤常有明显的斑疹，汞的化合物可引起红细胞溶解。中毒病畜在 2～4 d 内(有时在 1 d 内)死亡。

慢性中毒的主要症状是神经失调，继而口腔呈现金属气味，牙齿松动或脱落。在齿龈部有一条黑色硫化汞带状物，贫血、蛋白尿及肠卡他等症状。

有机汞化合物中毒的临床症状是中枢神经系统机能紊乱。主要表现在厌食，运动失调，辨距障碍，视力失调、失明，听觉异常；惊厥、轻瘫、昏迷而死。

尸体剖检主要可见神经系统的损害，消化道的病变，肝脏、肾脏肿大，肺充血等。

3. 氟中毒

世界上某些地区的土壤、饮水、作物和牧草中的含氟量高，这些地区主要分布在干旱或半干旱的盐碱地、盆地、沙漠周围和地势低的洼地等。我国也有一条由东北至西北的高氟自然地带，据不完全统计，目前在 10 多省、自治区已有家畜和人发生氟中毒的报道，新疆也不例外。氟中毒是石河子市四大地方病之一，近年来，石河子市在高氟地区兴建改水降氟工程，取得一定的效果。

我国规定饮水中氟的最高容许量为 1.0 mg/kg，饮水中的含氟量超过 3 mg/kg，即可引起慢性中毒。通常认为工业的废气和烟尘对牧草的污染，按干物质重量计算 25～50 mg/kg，对放牧牲畜有潜在危害。氟化物在矿物质混合添加剂中的安全浓度牛为 0.3%，羊为 0.35%，猪为 0.45%，禽为 0.6%。

急性氟中毒的病畜呈现胃肠炎的症状，严重病例虚脱而死。剖检时可见出血性胃肠炎，黏膜易脱落，肝和肾有明显的充血。

慢性中毒以牙齿和骨骼的变化为主。在牙齿的变化中，以羊为最明显。羊的门齿过度磨灭，口齿和年龄很不相称；齿面无光泽，多呈黏土样灰白色，上有大小不一的腐蚀孔；釉质脱落，附有黄褐色或黑色的、条纹状或块状的齿斑。有的白齿突出，比同排齿长 0.5～3 cm，形成钩状或楔形。牙齿松动易脱落，或发生龋齿、齿槽骨膜炎。

在骨骼和关节的变化上，以肋骨和颌骨较显。骨骼发生变形，膨大隆起，易于骨折，下颌骨外侧和四肢管骨常形成骨瘤。多数病畜的下颌骨常有肿胀，从下缘开口，形成久不愈合的瘘管，流出恶臭浓汁。常呈现间歇性跛行，触诊关节部，无肿热感觉。

剖检除上述牙齿的变化外，全身骨骼呈白色，骨质疏松而脆，肋骨上常有肿大的隆起，外观呈暗红色，下颌骨的断面失去正常结构，如豆腐渣样、关节面常有边缘不整，大小不一的缺陷区。

二维码 3-4　农村散养猪常见中毒病的诊疗实践与预防

【考核评价】

猪食盐中毒的诊疗

（一）考核题目

某猪场，靠近城区，经常利用饭店的剩饭菜喂猪，几年来经济效益可观。此次饲喂后，部分猪只出现口腔黏膜潮红，磨牙，呼吸加快，流涎，兴奋，不避障碍，转圈，体温正常。后期全身衰弱，肌肉震颤，间歇性癫痫样痉挛发作，出现后弓反张、侧弓反张或角弓反张，有时呈强迫性犬坐姿势，直至仰翻倒地不能起立，四肢侧向划动。最后在阵发性惊厥、昏迷中死亡。请你做出初步诊断，提出治疗措施和开出处方用药。

（二）考核标准

1. 诊断　猪食盐中毒。

2. 治疗措施　发现早期，立即供给足量饮水，以降低胃肠中的食盐浓度。应用钙制剂，利尿排钠，解痉镇静，缓解脑水肿、降低颅内压，对症治疗。

3. 处方用药

【处方 1】

硫酸铜 0.5～1 g，（或吐酒石 0.2～3 g）。

用法：灌服。

说明：催吐。若已出现症状时则应控制为少量多次饮水。

【处方 2】

(1)5%葡萄糖酸钙 100 mL，(或 10%氯化钙 50 mL)，25%硫酸镁注射液 50 mL。

用法：腹腔注射。

说明：也可用溴化钙、溴化钾镇静。

(2)石蜡油 150 mL。

用法：一次灌服。

(3)双氢克尿噻 0.5 mg/kg 体重。

用法：内服。

【处方 3】

(1)5%氯化钙明胶溶液(或 1%明胶)0.2 g/kg 体重。

用法：分点皮下注射。

(2)20%甘露醇溶液 100～200 mL，25%硫酸镁 10～25 mL。

用法：混合后一次腹腔注射。

【处方 4】

山梨醇或甘露醇注射液 100～250 mL。

用法：一次腹腔注射。

说明：缓解脑水肿。也可用 25%～50%高渗葡萄糖溶液。

有机磷中毒治疗剂量的计算

(一)考核题目

某农户饲养的一头 100 kg 的猪，经诊断为 1059 中毒，决定用 5%碘解磷定治疗，其用量是 15～30 mg/kg 体重，现有 5%碘解磷定 20 mL/支，你认为用多少支合适，并给出你用药的理由。

(二)考核标准

该猪所用碘解磷定的剂量是 1.5～3 g，假定用 5%碘解磷定 X mL，则最低剂量为 100∶5 =X∶1.5，最高剂量为 100∶5=X∶3，所用 5%碘解磷定的剂量范围为 30～60 mL，所以 5%碘解磷定最少用 1.5 支。

二维码 3-5　猪中毒性疾病复习与思考题

【知识链接】

1. DB12/T 530—2014，猪肉、禽肉生产 兽药残留控制技术规范.
2. DB43/T 776—2013，规模猪场兽药使用规范.
3. DB45/T 917—2013，无公害生猪生产技术规范.

参考文献

[1] 李国江. 动物普通病. 4 版 [M]. 北京：中国农业出版社，2009.
[2] 范作良. 动物内科病 [M]. 北京：中国农业出版社，2006.
[3] 甘孟候，杨汉春. 中国猪病学 [M]. 北京：中国农业出版社，2005.
[4] 宣长和，任凤兰. 猪病学 [M]. 北京：中国农业科技出版社，1996.
[5] 刘占民. 兽医学概论 [M]. 北京：中国农业出版社，2006.
[6] 高作信. 兽医学 [M]. 北京：中国农业出版社，2001.
[7] 李秀英. 猪中毒病和营养素缺乏症的症状与诊断 [J]. 养殖技术顾问，2014 (12)：118.